小小科学馆 知识天天看

科学小实验

有趣又好玩

策划：光玉
主编：郭漫

航空工业出版社

北京

内 容 提 要

本书收集了许多利用家里的日用器皿与其他日用品就可以操作的科学小实验，让爱动脑筋、爱动手的朋友们学会积极地动手动脑，在实验中学习、体会科学与真理。

全书按照不同实验的难度系数将内容分为三章，书中每个实验都配有完整的实验操作步骤说明、清晰的现象分析和科学原理的详尽解释。全书融知识性、趣味性为一体，让读者在游戏中体验科学，让孩子学会从小动手做实验，学会用科学的方法思考问题。

图书在版编目(CIP)数据

科学小实验 有趣又好玩／郭漫主编. --北京：航空工业出版社，2012.7（2020.7重印）
(小小科学馆)
ISBN 978-7-80243-961-0

Ⅰ.①科… Ⅱ.①郭… Ⅲ.①科学实验—儿童读物 Ⅳ. ①N33-49

中国版本图书馆 CIP 数据核字(2012)第 084797 号

科学小实验 有趣又好玩
Kexuexiaoshiyan Youquyouhaowan

航空工业出版社出版发行
(北京市朝阳区北苑 2 号院 100012)
发行部电话：010-84936555 010-84936343

北京一鑫印务有限责任公司印制 全国各地新华书店经售
2012 年 7 月第 1 版 2020 年 7 月第 3 次印刷
开本：700×1000 1/16 印张：8 字数：240 千字
印数：25001-30000 定价：16.80元

前言

实验是科学之母，才智是实验的女儿。一切推理都必须从观察与实验得来，学会积极地动手动脑，在实验中学习、体会科学与真理，必定会为孩子的成才之路洒下一片更灿烂的阳光。

爱因斯坦说过：学习知识要善于思考，思考，再思考；我就是靠这个方法成为科学家的；我没有什么特别的才能，不过喜欢寻根究底地追究问题罢了。

一切自然科学都是以实验为基础的，科学研究的方法是我们有力的思想武器，从小动手做实验，能够很好地培养我们的科学素养。这对于孩子来说尤为重要，这就要求孩子们要有能够创新学习的头脑。

所谓创新学习，是指学生在学习过程中，不拘泥于书本，不迷信于权威，不依循于常规，而是以已有的知识为基础，结合当前的实践，独立思考，大胆探索，标新立异，积极提出自己的新思想、新观点、新思路、新设计、新意图、新途径、新方法……的学习活动。

这里的“新”，不仅指新发现，也指新发展，因为不可能每个人都能揭示新的原理，发现新的方法，只要把他人已揭示的原理和发现的方法应用于不同的问题上，就是一种创新学习。

其实，科学方法并不神秘。不妨试着作个研究，你会有许多体会的……

本书收集了许多利用家里的日用器具与其他日用品就可以操作的科学小实验。爱动脑筋、爱动手的朋友们，让我们共同努力，成就一颗科学的头脑，学会用科学的方式思考问题吧！

编 者

目录

难度系数 1

难度系数 2

难度系数三 3

难度系数 1

在这一章中，我们将会介绍一些非常简便、易操作的科学小实验，请你抖擞精神，来和我们一起快乐游戏吧，进入科学的殿堂其实并不难哦。

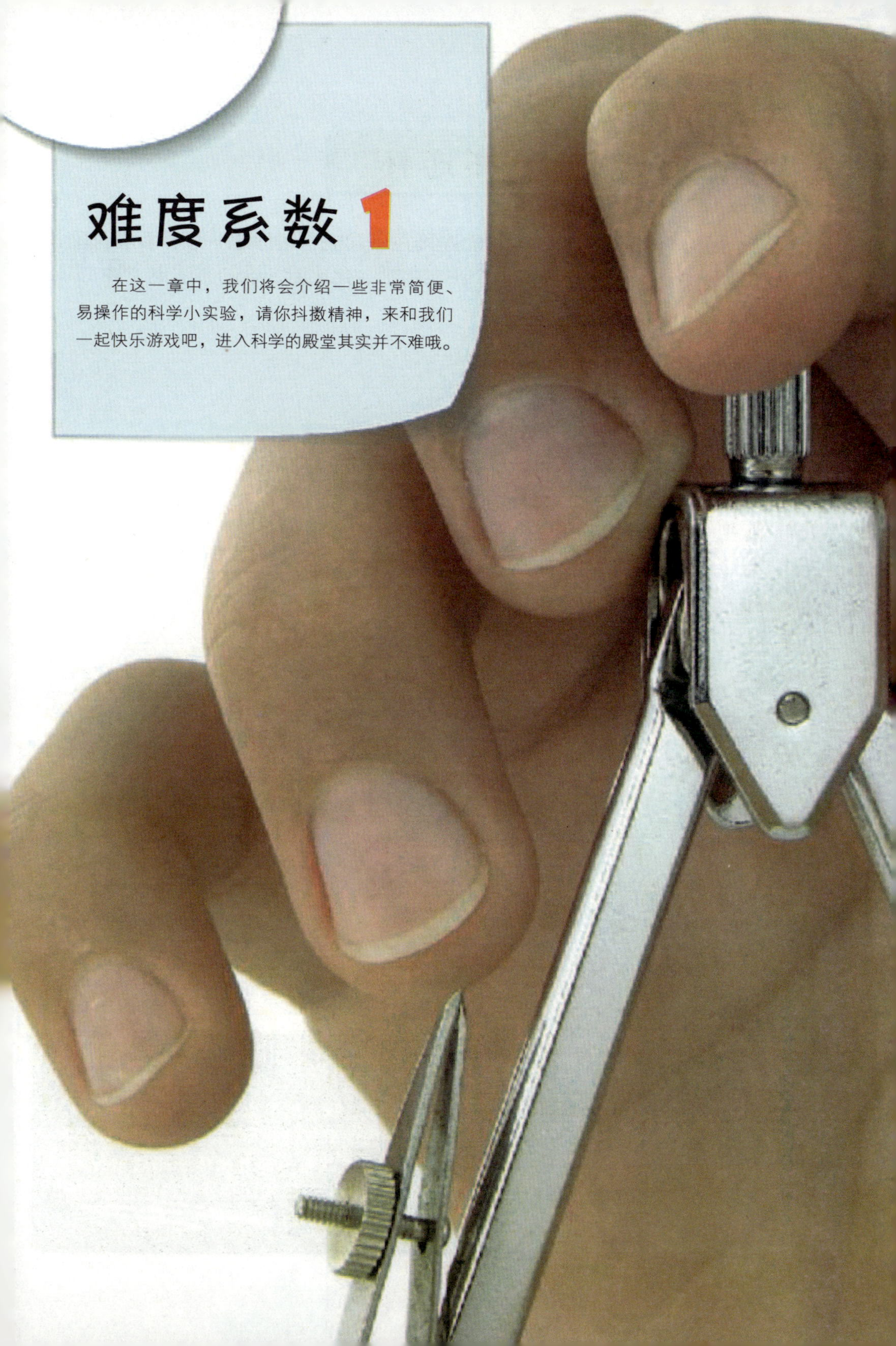

杯连杯

两个玻璃杯怎样才能让它们连接在一起呢？请你想一想，看看你能说出多少种方法。现在让我们做个小实验吧，比比看，谁的方法更“神奇”。

你要准备的材料

两个空玻璃杯 / 一小节蜡烛 / 一张面巾纸

我们一起做实验

1. 把一小节蜡烛放在一个空玻璃杯中，并将蜡烛点燃。
2. 将面巾纸浸湿，覆盖在点蜡烛的杯子上。
3. 把另一个杯子覆盖在这个杯子上面。
4. 几秒钟之后，蜡烛熄灭了。

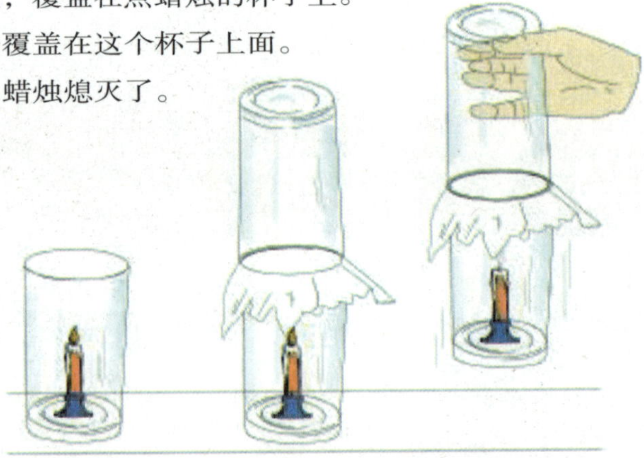

这时你会看到

两个杯子已经紧紧地“黏合”在一起，拿起上面的一个，另一个也跟着起来了。

注意

两个杯子要同样大小，否则实验不能成功。

小实验 大科学

这是因为：吸水纸是透气的，蜡烛熄灭前已经把两个杯内的氧气消耗尽了。并且在盖上吸水纸之前，杯子里就有一部分气体膨胀后跑掉了。于是两个杯子内的气压就比杯外低很多，它们就被杯外的大气压紧紧地“压”合在一起了。

吹不大的气球

有越吹越大的气球，也有吹不大的气球，你相信吗？让我们来做这个实验吧。

你要准备的材料

一个空饮料瓶 / 一个气球

我们一起做实验

1. 准备一个气球和一个空的饮料瓶，将气球塞进瓶内。
2. 拉大气球的吹气口，反扣在瓶口上。
3. 嘴对瓶口用力吹气，你尽管使出最大的劲，吹得面红耳赤，看看有什么结果。

这时你会看到

气球只不过大了一点点，但却怎么也鼓不起来。

注意

不要选择太大的气球，气球的形状也最好是长的。

小实验 大科学

原来，瓶子内本来是有空气的，当把气球的吹气口反扣在瓶口上后，这些空气就被密封在瓶内。当吹气时，瓶内空气的体积被压缩而减小，因此，瓶内的压强增大，对气球的压力也增大，当瓶内的压力与吹气球产生的压力相当时，气球就再也吹不大了。

能托住水的纸

一张普通的纸竟能托住整整一大杯水，你知道是怎样做到的吗？让我们一起来试试看吧。

你要准备的材料

一个玻璃杯 / 一张平整的纸 / 水

我们一起做实验

1. 把杯子里面灌满水。
2. 将平整的纸慢慢地盖在瓶口上，并让纸紧紧地与瓶口贴合在一起。
3. 拿起杯子，并把杯子迅速倒转过来。

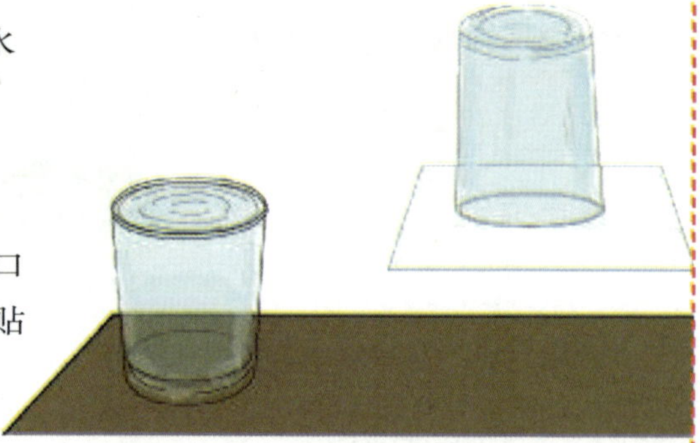

这时你会看到

水并没有流出来，而是被纸稳稳地“托”住了。

注意

1. 杯子里的水一定要加满。
2. 一定要让纸与杯子紧紧地贴合在一起，否则水有可能漏出来。
3. 将杯子倒立过来时动作一定要迅速。
4. 这个实验最好在水池边操作，以免实验不成功时，洒出来的水将家里的环境弄脏。

想一想，做一做：

如果把纸用大头针扎出很多小孔，再重复上面的步骤，还会出现同样的状况吗？请你自己动手试试看，并试着说出原因吧。

小实验　大科学

装满水的杯中，空气的压力已经很小了，并且水的表面有张力，它让水不能随便“乱跑”，因此杯子中的水，其实是被空气和纸一起托住的。

能抓住气球的杯子

你知道杯子也可以抓东西吗？如果我告诉你，可以用杯子抓起一个气球，你知道这是怎么办到的吗？

你要准备的材料

一个气球 / 一个塑料杯 / 一瓶热水

我们一起做实验

1. 把气球吹起来，并且用线把吹口处系好。
2. 往杯中倒入热水。
3. 让热水在杯中停留约 30 秒，然后把热水倒出。
4. 立即将杯口紧密地倒扣在气球上，然后提起杯子。

这时你会看到

气球也跟着杯子一起被提起来了。

注意

把热水倒出后，要非常迅速地将杯口倒扣在气球上，中间不能停留，否则会影响实验效果。

小实验 大科学

杯子开始用热水泡过，当热水被倒出后，杯子逐渐冷却，杯子里面已经受热的气体遇冷，体积缩小，杯子内的气压比杯外的气压低，杯外的气压就使得气球和杯子紧密地结合在一起了。所以气球会跟杯子一块被提起来。

这个气球会爆炸吗?

用一根针扎破气球，气球却不会“啪”的一声爆炸，你知道这是怎样做到的吗?

你要准备的材料

一个气球 / 一块胶布（橡皮膏、胶带都可以）/ 一根针

我们一起做实验

1. 把气球吹足气，并将口扎紧。
2. 用胶布（或橡皮膏、胶带）贴在气球上。
3. 拿一根针从贴着胶布的地方把气球扎破。

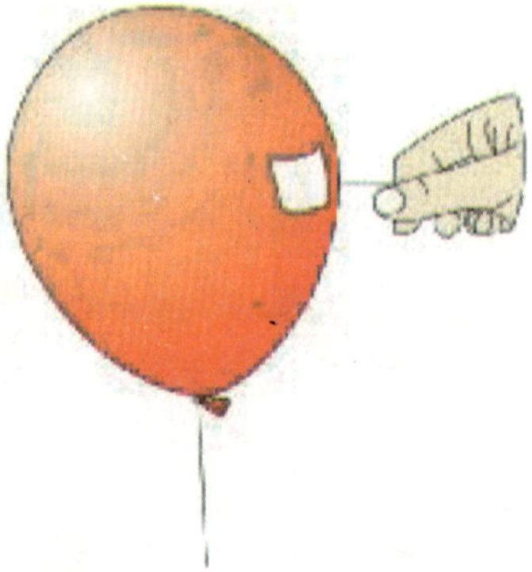

注意

扎破气球的时候，一定要选择贴胶布的地方。

这时你会看到

气球并没有“啪”的一声爆炸，而是气从针孔处慢慢冒出来，气球慢慢地瘪下去。

小实验　大科学

气球扎破时，溢出的空气造成一股压力，橡胶和胶布对这种压力的反应是不同的。在没有贴胶布时，由于橡胶脆而薄，当气球内被压缩的空气从扎破的小孔冲出时，气球便一下子被撑破了，同时发出很大的声响。但是胶布比较坚固，它可以禁受住压缩空气冲出时造成的压力，所以才不会突然破裂。

这个实验的原理，已经被人们运用到了生产实践中，防爆车胎就是据此原理制成的。

吹不散的气球

往两个挂起的气球中间吹气，气球却不会被吹散，这个实验将向你显示当空气运动时，气球的行为有多奇怪。

你要准备的材料

两个气球 / 两根细线 / 一根可悬挂物品的细绳 / 一根吸管

我们一起做实验

1. 将两个气球吹到一样大小，并用细绳将它们系好。
2. 将两个气球相距约 3 厘米悬挂起来。
3. 用吸管在气球中间吹气。

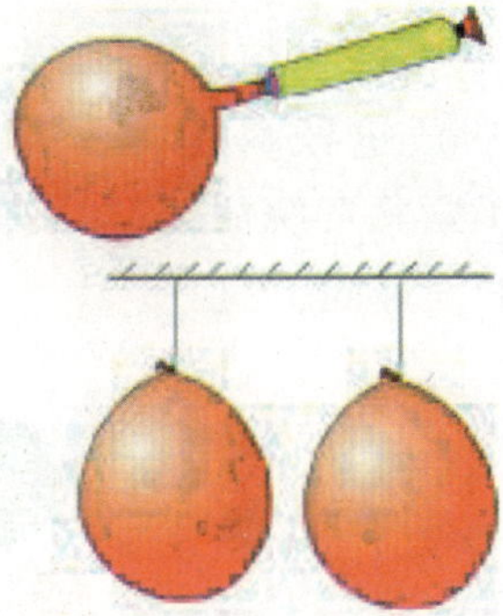

这时你会看到

两个气球不但没被吹开，反而是移到了一起。

想一想，做一做：

如果把较轻的气球换成苹果或者其他东西，还会不会出现上述的现象呢？请你动手做一做，找出答案吧。

小实验 大科学

当你吹气的时候，两个气球之间的空气变得稀薄而导致压力下降了，但两只气球外侧的空气仍保持着原有的压力，这样，气球外侧较大的压力便将气球推到了一起。

会“变脸”的气球

我们来做个有趣的实验，看看气球是怎么变脸的吧。

你要准备的材料

一个空饮料瓶（最好是大号的）/ 两个气球 / 一把剪刀

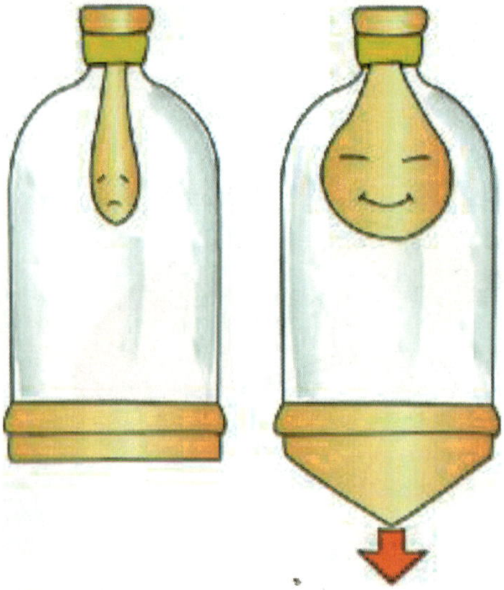

我们一起做实验

1. 将饮料瓶的底部剪掉。
2. 用一个气球将饮料瓶的底部紧紧蒙住。
3. 将另一个气球上先画上一张脸，然后放进饮料瓶中，并将气球嘴紧紧环绕住瓶口。
4. 把底部的气球向下拉。

这时你会看到

瓶内的气球变大了，当然脸的表情也会跟着变喽。

注意

底部的气球一定要绷得紧紧的，否则效果不明显。

小实验 大科学

由于两个气球已经把瓶内的空气相对封闭起来了，向下拉底部的气球时，瓶内空气体积变大，压力变小，而外界的大气压是不变的，于是气球就被大气压力“吹起来”了。

吹不灭的蜡烛

大家应该都吹过蜡烛。如果我告诉你，可以用一种方法，让蜡烛怎么都吹不灭，你会相信吗？让我们来试试吧。

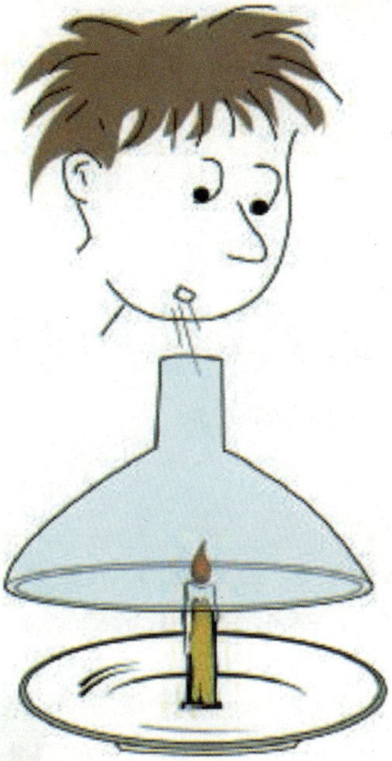

你要准备的材料

一根蜡烛 / 一盒火柴 / 一个小漏斗 / 一个平盘

我们一起做实验

1. 把蜡烛点燃后固定在平盘上。
2. 把漏斗的宽口对着蜡烛的火焰。
3. 从漏斗的小口对着火焰用力吹气。

这时你会看到

无论你怎么吹，蜡烛都很难被吹灭。

注意

1. 一定要把漏斗的宽口对着蜡烛，否则实验不能成功。
2. 要注意用火安全。
3. 如果你的家中没有现成的漏斗就自己动手做一个吧，将一张纸卷成细圆筒，另一张纸卷成圆锥状，将它们紧紧地套在一起，中间用胶带或胶水固定住就可以了。

小实验 大科学

吹出的气体，经由漏斗的小口到宽口时，逐渐疏散，到达蜡烛火焰上的气压非常弱，所以无论怎么吹都吹不灭蜡烛。

手帕的秘密

在水龙头下把手帕撑开摊平，打开水龙头，水是不是透过手帕而流下去呢？

你要准备的材料

一个玻璃杯 / 一条手帕 / 一根橡皮筋

我们一起做实验

1. 把手帕盖在杯口，用橡皮筋绑紧。
2. 让水冲在手帕上。
3. 约七八分钟后，关闭水龙头。
4. 杯口朝下，把杯子迅速倒转过来。

这时你会看到

从杯子上面冲水时，水会透过手帕流入杯内。杯子倒转过来时，水不会流出来。

注意

1. 选择玻璃杯的时候，杯子口的大小一定要适中，不能太大了，否则会影响效果。
2. 杯子里的水也不能太满。

想一想，做一做：

如果盖住杯口手帕的布料不同（例如棉布或是毛巾、麻布），水的进出情形又会怎样呢？

小实验 大科学

杯子倒转过来时，杯子里面的很多空间都被水所占据，所以外面的大气压要远远大于瓶子里面的大气压，正是这个存在的巨大气压差，形成一种对手帕的推力，这样水就不会从杯子里面渗溢出来了。

浮球之谜

在一些游艺宫里，有种游戏是海狮将一个球吹起浮在空中。这个球既不落下也不飘走，是什么原因呢？我们做个实验来揭开这个谜。

吹气

你要准备的材料

纸 / 乒乓球

我们一起做实验

1. 用纸卷一个细长的筒。
2. 把一只乒乓球放在筒口上举起来，你在下端吹气。

这时你会看到

此时的乒乓球并没有被吹飞，而是被吹得浮在空中。

注意

最好选择硬质的纸张，所卷纸筒的直径应略小于乒乓球的直径。

小实验 大科学

乒乓球被气流顶起来后，气流便沿球与纸管之间的空隙向四周扩散，由于气流速度快，气压会变低，而乒乓球背对气流一面的气压相对较大，上部气压控制乒乓球不被吹走。

隔着玻璃瓶吹蜡烛

过生日的时候，很多人都会选择以吹蜡烛、许心愿的方式庆祝。把蜡烛吹熄并不难，但如果让你隔着玻璃瓶吹蜡烛，你能将它们吹灭吗？可能大部分人会说肯定吹不灭，那，我们一起来做个实验看一看吧。

你要准备的材料

一根蜡烛 / 一个玻璃瓶 / 火柴

我们一起做实验

1. 将蜡烛点燃。
2. 将点燃的蜡烛放在准备好的玻璃瓶后。
3. 在玻璃瓶前对着玻璃瓶用力吹气。

注意

一定要注意用火安全。

这时你会看到

玻璃瓶后的蜡烛被吹熄了。

想一想，做一做：

如果把玻璃瓶换成一块方形的玻璃，再重复上述的实验，又会发生什么呢？

在冷风刺骨的寒冬，人们为什么不躲到圆形的柱子后面去躲避风寒，而是选择到墙后或是大广告牌后去避风呢？请你想一想，并将原因写出来吧。

小实验 大科学

对着瓶子吹气时，瓶子的后面会产生一个低压区域，而周围的空气流试图去平衡低压，这时火焰就会被产生的气流吹灭了。

巧吹粉笔头

粉笔除了用来写字、画画，还可以用来做实验哦！你相信吗？

你要准备的材料

粉笔头 / 汽水瓶

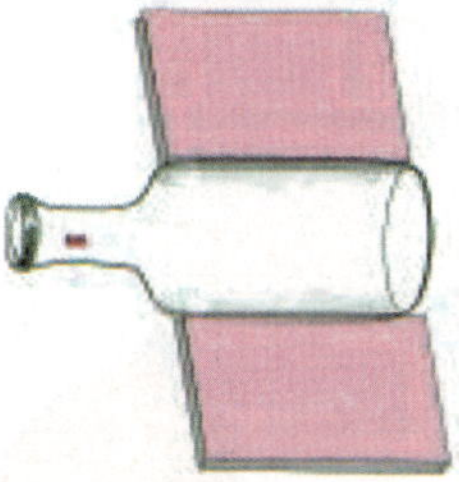

我们一起做实验

1. 取一个空的汽水瓶，横放在桌子上。
2. 在瓶的两旁各垫一本练习本，以免它滚动。
3. 再折一段约 2 厘米长的粉笔，将它平放在汽水瓶的颈部平坦处。
4. 请你把嘴对准瓶口，用力往瓶内吹气，看看有什么情况。

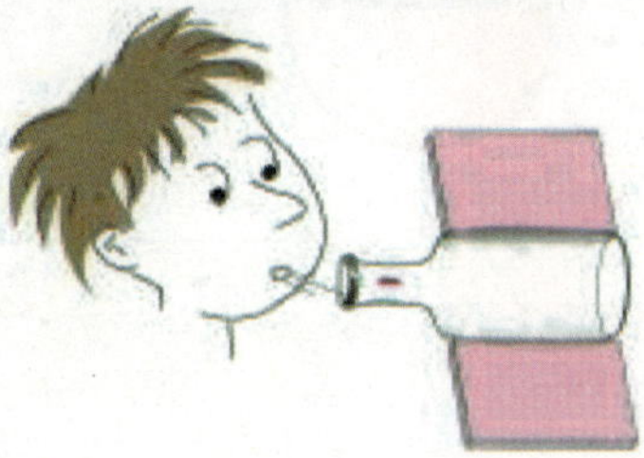

这时你会看到

不论你使多大劲，都无法把瓶颈处的这一小段粉笔吹进瓶肚里。

5. 从瓶颈处取出粉笔，把它的一端在地上磨尖。然后，让尖的一端朝瓶底，再放回瓶颈的平坦处。看看有什么现象发生。

这时你会看到

不必花很大的力气，就能将粉笔吹入瓶肚里。

注意 在吹气的时候不要倒吸。

小实验 大科学

实验步骤 4 中瓶内本来就充满着空气，当你用力往瓶内吹气时，外面的空气往里钻，内部的空气就被往外赶。钻进去有多快，赶出来也有多快，钻进去有多少，赶出来也有多少。总之，这两股气流的大小、速度始终相同，且都要从瓶颈部进出。由于粉笔的两端都是平头，截面积几乎相同，所受到的空气推力大小相等，方向相反，因此任你怎样用力吹也是徒劳的。

实验步骤 5 中粉笔受到由外向内的空气推力，要比由里向外的推力大多了。所以，粉笔进到了瓶肚里。

铁圈“下蛋”

大家听说过母鸡下蛋，但是听说过铁圈也会下蛋吗？让我们来看看下面的这个实验吧！

你要准备的材料

一个小气球 / 比气球稍大一些的铁圈 / 一盆热水

我们一起做实验

1. 把一个没吹足气的气球，放入铁圈，气球会落下来。
2. 将这个气球放进一盆热水中，泡一下后，再放在铁圈上，看看有什么结果发生。

这时你会看到

气球掉不下来了，可是，过了一会儿，气球又掉了下来，像是努力之后下的一个蛋一样。

注意

热水不能太烫，以免伤到手或把气球烫坏。

小实验 大科学

这个气球由小变大再变小，你知道是什么道理吗？原来是热胀冷缩的原理。气球里的空气受热后膨胀使球变大，后来空气慢慢变冷，球就又变小了。

“烧不断”的棉线

众所周知，棉线是很容易被点燃的。可是只要作一些简单的处理，普通的棉线也可以变成一根“烧不断”的神奇棉线，你知道这是怎么办到的吗？

你要准备的材料

一根棉线 / 一杯清水 / 一根筷子 / 一盒火柴 / 一袋食盐 / 一把镊子

我们一起做实验

1. 往一杯清水中不断加入食盐，并用筷子不停地搅拌，直到食盐不再溶解。
2. 将棉线放入配制好的盐水中浸泡十分钟，然后拿出来放在桌子上晾干。
3. 用镊子夹起晾干后的棉线，点燃一根火柴去烧棉线。

这时你会看到

棉线从下端一直燃烧到上端，但烧过后的线灰仍像一根线一样保持不断。

注意

1. 棉线一定要在食盐水中浸泡十分钟，否则有可能影响实验结果。
2. 如果没有镊子，可以用钳子等代替，注意不要烧到手。
3. 注意用火安全，不要将废弃的火柴棒随手丢弃，以免引起火灾。

小实验 大科学

盐不能燃烧，在盐水中浸泡过的棉线在燃烧时，里面的棉线已经被烧尽了，可是包在棉线外面的一层盐壳却保留了下来，这样，棉线看起来就像是“烧不断”的。

不用嘴吹的气球

大家应该都吹过气球。但是我现在告诉你，气球不用嘴吹也能使它鼓起来，你知道这是怎么做到的吗？

你要准备的材料

一个塑料瓶 / 一个气球 / 一个空盆 / 一瓶热水

我们一起做实验

1. 把没盖盖儿的塑料瓶放入冰箱，约一个小时后拿出，放在空盆里面。
3. 先多吹几次气球，使气球皮稍松懈。
4. 把气球口紧紧套在塑料瓶的瓶口上，不断把热水淋在塑料瓶上。

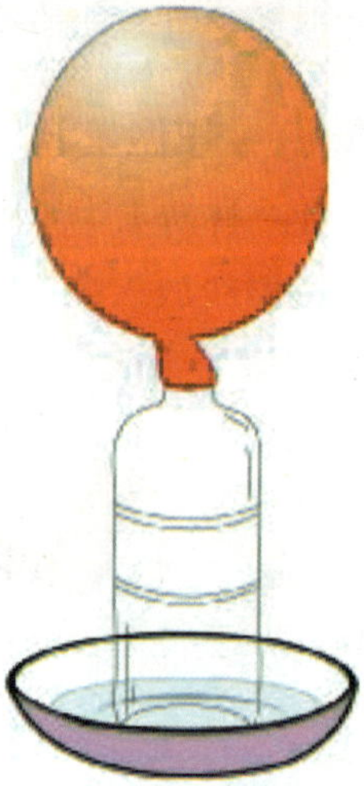

这时你会看到

气球慢慢地鼓了起来。

注意 往空盆里倒入约一半的热水就可以了，不要让水溢出来。

小实验 大科学

空气热胀冷缩。当塑料瓶被放进冰箱的时候，温度降低，塑料瓶里就“跑”进比平时多的空气。当我们把塑料瓶从冰箱里面拿出来，并往其外面倒热水的时候，瓶里的温度上升，空气体积增大，最终便使气球鼓起来。

神奇的牙签

如果我告诉你，牙签能自己在水里游动，你相信吗？你知道这是怎么办到的吗？

你要准备的材料

一根牙签 / 一盆水 / 一块方糖

注意 放置牙签和方糖的时候，动作要轻，不要引起水的剧烈波动，否则会影响实验的效果。

我们一起做实验

1. 先将牙签轻轻地放在水面上。
2. 将方糖放在水盆中离牙签较远的地方。

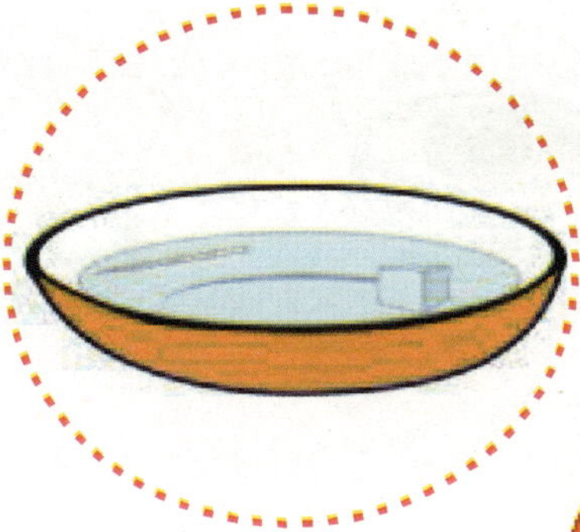

这时你会看到

牙签开始向着方糖的方向游动了。

想一想，做一做：

如果将一粒冰糖或一粒粗盐放在水里，会出现同样的状况吗？请你自己动手试试看吧。

小实验 大科学

这是因为：当你把方糖放入水盆中的时候，方糖溶解会吸收一些水分，所以会有很小的水流往方糖的方向流动，而牙签比较轻，因此，也被这股小水流牵引着往方糖的方向移动。

自己落水的硬币

把一枚硬币架在瓶口的牙签上，不许碰硬币、牙签和瓶子，让硬币直接落入水中。看一看，你也能行！

你要准备的材料

一根木质牙签 / 一枚硬币 / 一个瓶口足以让硬币落入的瓶子 / 水

我们一起做实验

1. 将牙签折弯，但不要完全折断，架在瓶口上。
2. 将硬币架在牙签上。
3. 用手指蘸些水，滴在牙签的弯折处。

这时你会看到

牙签会慢慢地变直，稍过一会儿，硬币便会落入瓶中。

注意

牙签只要折弯就可以了，千万不要将它完全折断。

小实验 大科学

这是因为木质的牙签上有许多微小的管状纤维，将水滴在断裂处后，该处的纤维会吸水膨胀，并使得牙签发生移动，这样，架在牙签上的硬币就因失去平衡而落入瓶中了。

巧化糖块

下面这个实验会教我们怎么能够更快地喝到糖水，感兴趣吗？让我们来试试看吧！

你要准备的材料

两块水果糖 / 两杯冷水 / 线绳

我们一起做实验

1. 找两块同样的水果糖，两杯冷水。
2. 将一块糖扔入一杯水中，它很快就会沉底；把另一块糖用线绳拴住，吊在另一杯水中间，仔细观察，两块糖哪个溶化得更快？

这时你会看到

吊在水中间的糖块几分钟就化完了，而这时，沉底的那个才化了一小部分。有趣的是，在吊糖的那个杯子里，下半杯浑浊的糖水和上半杯透明的清水，界线竟非常鲜明。

注意　两块糖的大小一定要相同，而且应该是同一个品牌的。

小实验　大科学

你还可以改变糖的高度继续做这个实验，你会发现，糖吊得越低，溶化速度越慢，糖吊得越高，溶化速度就越快。糖在水中的溶解，一靠扩散，二靠对流。冷水温度较低，扩散的作用不明显，所以沉入水底的糖不容易溶化。而吊在水中的糖，由于糖水比清水重，糖水下沉，清水上升，形成对流，糖的位置越高，水对流的范围越大，糖才越容易溶化。

冲不走的乒乓球

乒乓球很轻，一阵风就能吹动。如果我告诉你，把乒乓球放在自来水龙头下面用水冲，无论如何都冲不走它，你知道这是怎么办到的吗？

你要准备的材料

一个乒乓球 / 一个脸盆

我们一起做实验

1. 往盆里倒入半盆水，然后放在水龙头下面。

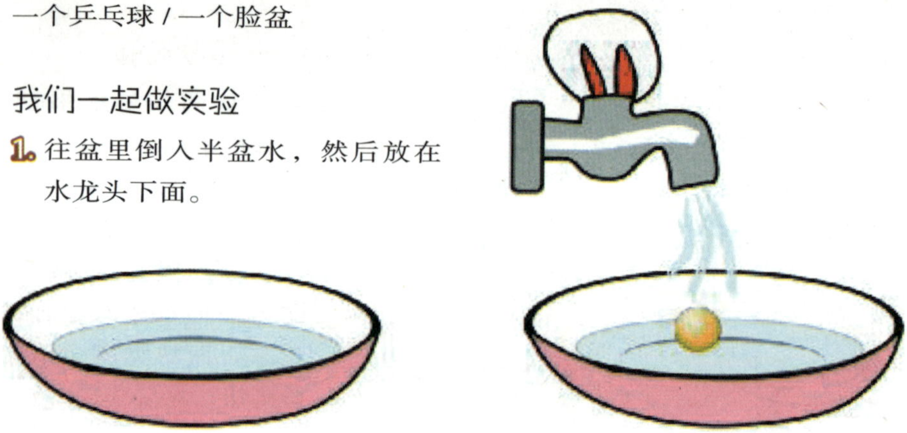

2. 把水龙头打开，把乒乓球放入水流的落点处。

这时你会看到

乒乓球被牢牢“禁闭”在那个落点处，好像被吸住了一样，无论水开得多大，都不会把它冲走。

注意

乒乓球放置的位置一定要是水流的落点处，否则实验不容易成功。

小实验 大科学

贴近乒乓球的水流速度大，压强小；而乒乓球外层的水流速度小，压强大，而且四周的压力基本相等，所以它只能在那个落点处不断翻滚，却不会被冲出来，除非关闭水龙头。

会动的纸鱼

鱼儿在水中会游来游去，十分灵活。但是你相信吗？用纸做的鱼在水中也可以游动呢。现在就让我们来看看它是如何动起来的吧。

你要准备的材料

一个小水盆 / 一块硬纸板 / 一把剪刀 / 水 / 餐具洗涤剂

我们一起做实验

1. 在硬纸板上剪一个鱼的模型出来。
2. 往小水盆里面倒满水。
3. 将鱼的模型放进水盆里。
4. 往鱼模型的圆圈中间滴一滴洗涤剂。

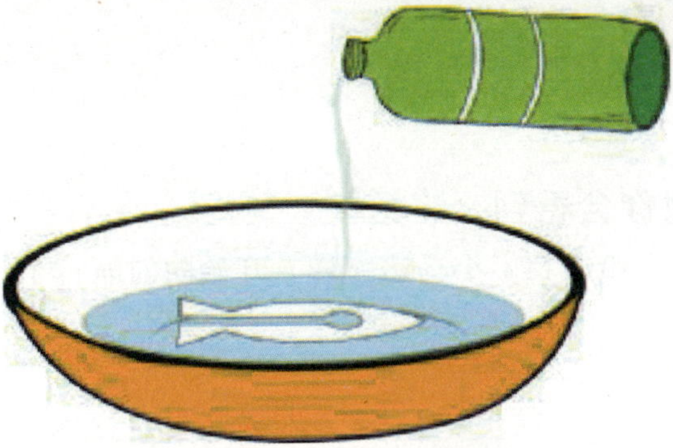

这时你会看到

鱼开始向前“游”动了。

注意

鱼的模型要和图上的大致一样。

小实验 大科学

刚开始纸鱼被放进水盆里时，水分子在各个方向上的拉力都相等，能够相互抵消，所以纸鱼就静止不动。当滴入洗涤剂后，水分子的这种拉力平衡遭到了破坏。洗涤剂沿着圆圈向后流动的时候，就破坏了纸鱼尾巴上的水的拉力，但是纸鱼头部的拉力仍然存在，在这个拉力下，纸鱼就向前游动了。

举一反三

应用同样的原理，我们能让很多东西动起来呢，下面我们就来再做个实验吧。

你要准备的材料

一张硬纸 / 一盆水 / 一支圆珠笔

我们一起做实验

1. 用硬纸叠成一只小船。
2. 将小船尾部的纸撕掉一点，开出一个小缺口。
3. 在那个小缺口上涂点圆珠笔油。
4. 将船放入水中。

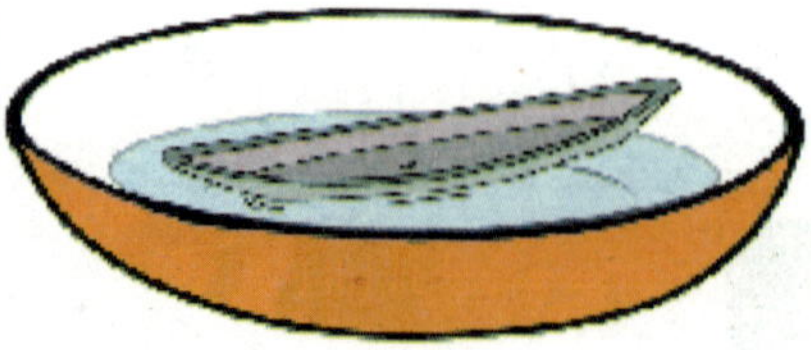

这时你会看到

小船像装了小马达一样，开始向前航行了。

注意　小缺口不要撕太大。

想一想，做一做：

另外，在这个实验中，如果把圆珠笔油换成食用油或洗涤剂，会出现什么效果呢？请你自己动手做一做，并写出你的观察结果吧。

原因是什么？

请你自己想想看吧……

会自动变圆的棉线圈

用一根棉线围成一个圈，并把它放在水中。你会发现，它不一定是圆形的。你能使这个圈“自动”变圆吗？

你要准备的材料

一根棉线 / 一只大碗 / 一根牙签 / 一小块肥皂

我们一起做实验

1. 用一根棉线围成一个圈，并把它放在水中。
2. 在牙签的一端粘上一小块肥皂，插进棉线圈中。

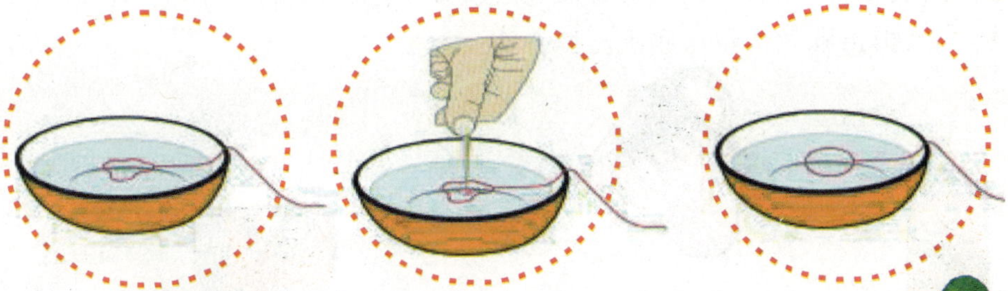

这时你会看到

棉线圈立刻就自动胀成了圆形，好像画的圆一样。

小实验 大科学

当小肥皂块插入棉线圈中时，破坏了水的表面张力，但此时棉线圈外水的表面张力仍然很大，它从各个方向上拉动棉线圈，棉线圈因此就自动变圆了。

会分合的水流

多股水流用手指一捻合，就会发生神奇的变化，竟变成一股水流，这是为什么呢？让我们来尝试做下面的实验。

你要准备的材料

一个空饮料瓶 / 一根粗针 / 水

我们一起做实验

1. 在空的饮料瓶底部用粗针钻 5 个小孔（小孔间隔 5 毫米左右就可以了）。
2. 将饮料瓶内盛满水，水会分成 5 股从 5 个小孔中流出。
3. 用大拇指和食指将这些水流捻合在一起。

这时你会看到

用大拇指和食指将这些水流捻合在一起，手拿开后，5 股水就会合成一股，如果你用手再擦一下罐上的小孔，水就又会重新变成 5 股。

注意

饮料瓶上小孔的距离一定要适当，不能太大。

小实验 大科学

水在流动的时候，表面会产生张力，这样 5 股水流之间互相吸引的张力使它们聚合成一股水流了。

测量浮力

放在液体中的物体都会受到浮力的影响，那么怎样才能测量浮力的大小呢？其实，做一个简单的实验就可以办到了。

你要准备的材料

一把锁 / 一大杯水 / 一个弹簧秤

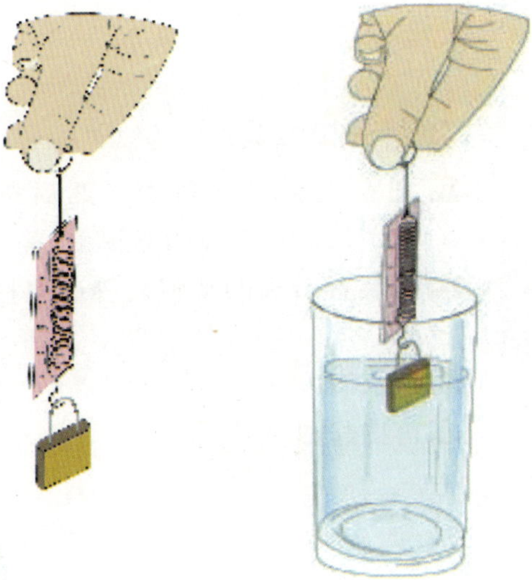

我们一起做实验

1. 将锁挂在弹簧秤下，看一下弹簧秤的读数是多少，记下来。
2. 将弹簧秤和锁一起放入水中。再看看弹簧秤的读数是多少。

这时你会看到

放入水中后，弹簧秤的读数下降了。

注意

事先一定要确定弹簧秤是准确的，否则会影响实验结果。

小实验 大科学

锁放入水中后受到浮力的作用，抵消了自身的一部分重力，所以弹簧秤的读数下降。而下降的重量数值正是浮力的大小。

会“举重”的水

要是让你提着一个装满了石头的口袋，你肯定会觉得很困难。但是水却可以帮你的忙，让你觉得易如反掌。不信你就试试！

你要准备的材料

一大杯水 / 一堆石头 / 一个大塑料盆 / 一个塑料袋

我们一起做实验

1. 把石头装进塑料袋，然后提起来，这时你会觉得它很重。
2. 把装着石头的塑料袋放进塑料盆里。
3. 把水倒进盆里。
4. 再提起塑料袋。

这时你会看到

袋子似乎“变轻”了，提起装石头的袋子要容易些了。

注意

把水倒进盆子的时候要小心，不要倒进袋子里，否则会影响实验结果。

小实验 大科学

水有浮力，它的浮力会把袋子往上面托起，就像有东西在下面支撑着袋子一样，所以提的时候就会觉得袋子变轻了。

不会上浮的木板

由于浮力的原因，木板一般都是浮在水面上的。现在我们来做个实验，可以让木板沉在水底而不会浮上来哦。

你要准备的材料

一块小木板 / 一个底面光滑的脸盆 / 一张砂纸 / 水

我们一起做实验

1. 用砂纸在木板上用力地摩擦，把木板摩擦得非常光滑。
2. 往脸盆中倒入约三分之二的水。
3. 把木板用力压到盆底。

注意

一定要把木板摩擦得非常光滑。

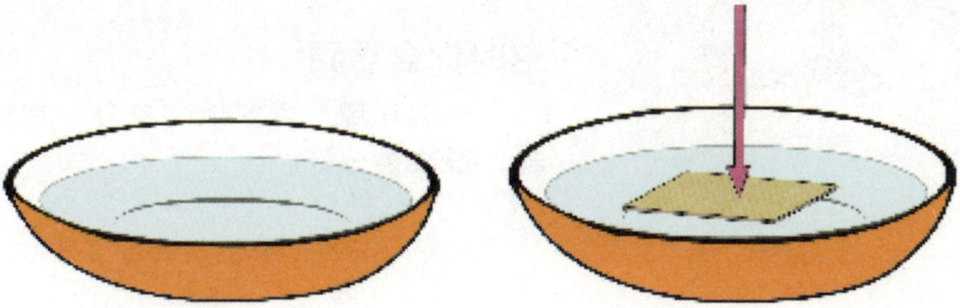

这时你会看到

松手后，木板还是“乖乖”地呆在盆底，没有浮起来。

小实验 大科学

由于木板表面粗糙不平，不能与盆底紧密结合在一起，所以木板受到向下的力始终小于向上的浮力，这样木板就会浮在水面。而当把木板表面打磨得非常光滑以后，木板就能够与盆底紧紧粘在一起，当我们用力把木板压到盆底后，木板与盆底间不留空隙，没有水钻进去，木板受到的浮力就变小了，所以木板就会沉在水底了。

举一反三

在生活中，你是否注意到：泥泞的路面有时会把我们的鞋子粘掉；当两片玻璃片被沾湿之后，会很难被分开。

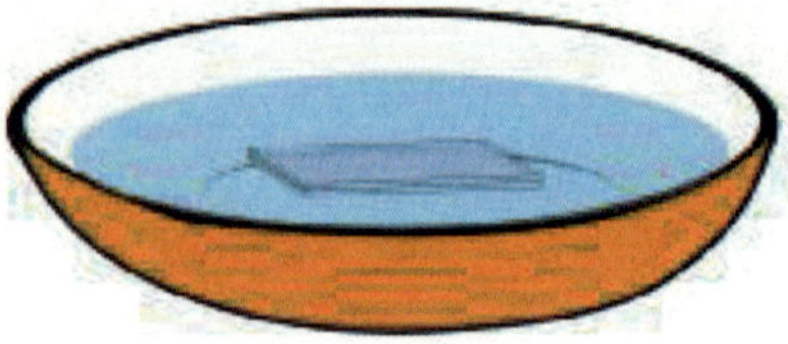

你要准备的材料

两片玻璃片 / 水

我们一起做实验

1. 把两片玻璃片在水中浸一下。
2. 把被沾湿的玻璃片用力压合在一起。
3. 用两手分别抠住两片玻璃片，用力向两边拉。

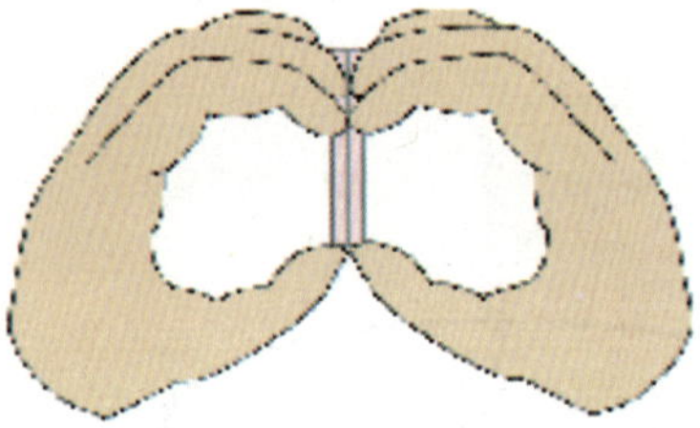

这时你会看到

玻璃片像是紧紧地“咬合”在一起，很难被分开。

注意

1.玻璃片一定要清洁光滑。
2.一定要使用边缘被打磨过的玻璃片，以免手被划伤。

想一想，做一做：

另外，怎样才能轻松地将“咬合”得紧紧的玻璃片分开呢？也请你开动脑筋，想想看吧。

原因是什么？
请你自己想想看吧……

神奇的如意罐

让我们来做个神奇的如意罐吧，它甚至能如你所愿回到你身边，你知道这是为什么吗？

你要准备的材料

一个茶叶罐 / 钉子 / 一只螺母 / 一根橡皮筋

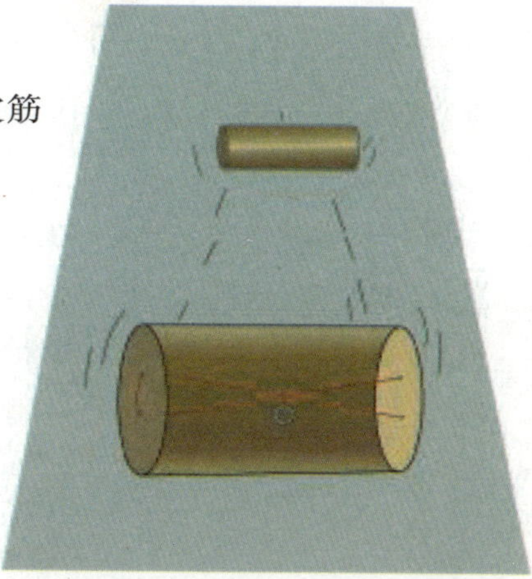

我们一起做实验

1. 用钉子在茶叶罐的盖和底部各凿两个孔，两孔相距 1~2 厘米。
2. 将橡皮筋以 8 字形穿过 4 个孔，并将两端结在一起。
3. 将螺母系在皮筋中间的交叉处。
4. 把做好的如意罐放在硬实、光滑的水平面上向前滚动，并观察它滚动的情况。

这时你会看到

如意罐滚出一段距离后，会自动向回滚。

想一想，做一做：

请你自己动手试试看，如果不把皮筋绞缠成 8 字形，或是不把螺母放在皮筋中间的交叉处，又会出现什么样的状况呢？试试看，并试着找出原因吧。

小实验 大科学

当你滚动如意罐时，系在皮筋中间的重物使皮筋绞缠在一起，发生扭曲。你最初推得越用力，皮筋就变形得越厉害，由此得到的弹性势能也越大。当推动罐子使它滚动的能量用完之后，罐子停止滚动。由弹性变形产生的势能便释放出来，罐子就滚回你身边。这时，势能转化成动能。当皮筋松开时势能就消耗完了，罐子便停止了转动。

自制"电话机"

电话给我们的生活带来了很大的方便，让我们不出门便能联络亲朋好友，现在就让我们来自制一个属于自己的"电话机"吧，与我们的朋友"保持联络"。

你要准备的材料

两只纸杯 / 一根长棉线 / 一根缝衣针

我们一起做实验

1. 将棉线穿在针上，并穿过两只纸杯的杯底。
2. 将棉线的两端打结，拉紧棉线。
3. 请你的朋友或父母配合，请他们在一端对着听筒低声说话。

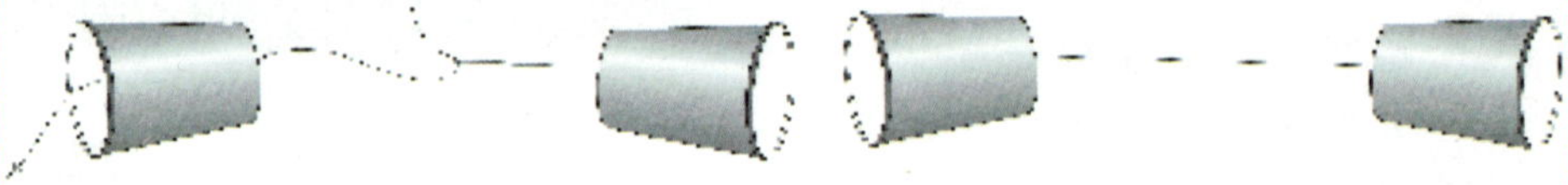

这时你会看到

将纸杯靠近耳朵，你会清楚地听到他们说话。

想一想，做一做：

调整棉线的长度，看一看这样的"电话机"能传输声音的最远距离是多少？

如果将棉线缩短，想一想它还能用做什么呢？可以做听诊器用吗？请你想一想，并且自己动手试试看吧。

小实验 大科学

当一个人对着纸杯说话时，那只纸杯就相当于一只话筒，它聚拢了声波，而后声波便经由那根棉线传播到了另一只纸杯上，这只纸杯此时就成了听筒，它同样起到了聚拢声波的作用，把声音传到了我们的耳朵里。

汤匙变磁铁

吃饭的汤匙相信大家都很熟悉。如果做一些简单的处理后，汤匙就可以变成磁铁。

你要准备的材料

一个汤匙 / 一块磁铁 / 一些轻小的金属物体（比如小别针、发卡、夹子等）

我们一起做实验

1. 用磁铁在汤匙上慢慢地来回摩擦，大概十分钟左右。
2. 用汤匙去靠近轻小的金属物体。

这时你会看到

汤匙已经变成了磁铁，可以吸起那些轻小的金属物体。

注意

1. 汤匙应该是铁、镍等金属的，如果是铜、铝、塑料或木头的，则实验不能成功。
2. 我们身边的很多地方都有磁铁，比如冰箱贴上、有磁性搭扣的包装盒上……

小实验 大科学

这是因为：构成汤匙的金属物质相当于一个个的小磁铁，由于它们磁场方向不同，作用被互相抵消，因而平时汤匙就没有表现出磁性。但是用磁铁摩擦汤匙后，汤匙内的小磁铁的磁场被强行排列成一个方向，汤匙就产生了磁性。

变色水

清澈的水是没有颜色的，但是经过你的实验，会使水的颜色变成像彩虹一样的漂亮，让我们来试试看吧！

你要准备的材料

装满水的水桶 / 牛奶或米汤 / 细线 / 一面小镜子 / 一把手电筒

我们一起做实验

1. 往水桶里加入一些牛奶或米汤，搅拌成乳状的液体。
2. 用细线捆住一面小镜子，浸入水中。
3. 打开手电筒照射小镜子，观看镜子反射回来的光是什么颜色的。

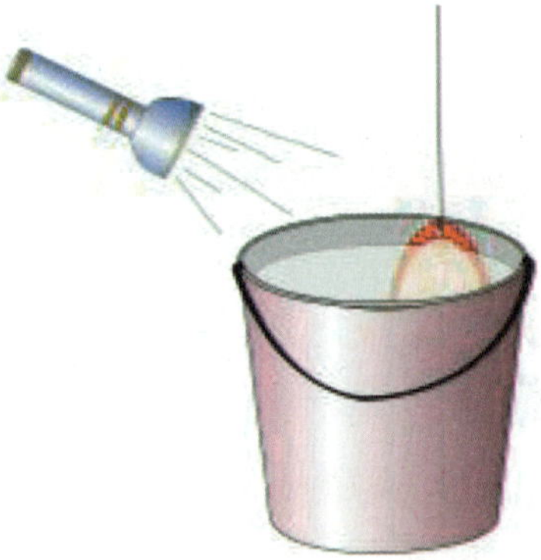

这时你会看到

不断改变镜子浸入水中的深度，反射光会不断改变颜色。当镜子的位置由浅入深时，光的颜色会发生如下变化：白色→黄白色→橙色→红色→暗红色。

注意

手电筒的光线要足够强，效果才会好。

小实验 大科学

白光是由红、橙、黄、绿、青、蓝、紫七种波长不同的色光组成的。其中波长较短的紫、蓝等色光的穿透能力差，经过液层时，被水分子和悬浮的小颗粒散射了，无法通过液层；而黄、橙、红色光的波长较长，并且后者比前者更长，它们的穿透能力也一个比一个强，所以发生上述情况。

瓶子赛跑

装有沙子和装有水的两个瓶子从同一高度滚下来，谁先到达终点呢？你想知道结果吗？

你要准备的材料

两个一样的瓶子 / 若干沙子 / 若干水 / 一块长方形木板 / 两本厚书

我们一起做实验

1. 将两本书叠起来，把木板的一端放在书上，另一端放在桌子上。
2. 分别往两个瓶子中装满水和沙子。
3. 把两个瓶子放在木板上，让它们从同一高度往下滚。

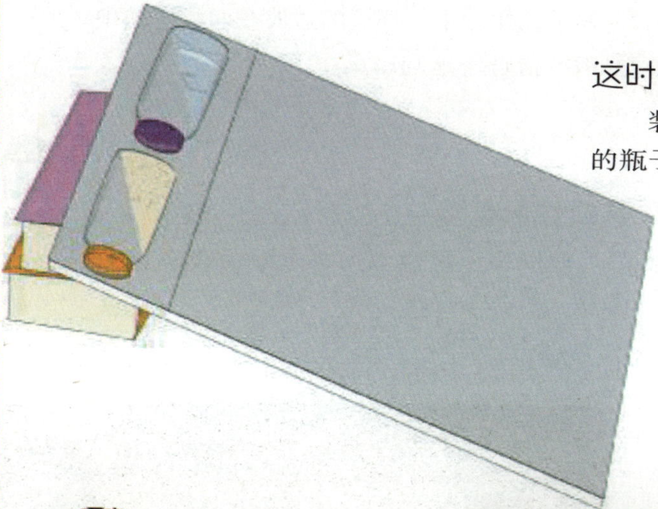

这时你会看到

装水的瓶子比装沙子的瓶子先到达终点。

注意

两个瓶子一定要大小一样，重量要相等，否则实验结果会不准确。

小实验 大科学

沙子对瓶子内壁的摩擦力要比水对瓶子内壁的摩擦力大，而且沙子之间也有摩擦，这样装沙子的瓶子下滚时所受到的阻力比装水的瓶子要大，所以，装水的瓶子先到达终点。

“会走路”的硬币

你相信吗，被扣在玻璃杯下面的硬币，会自己“走”出来。

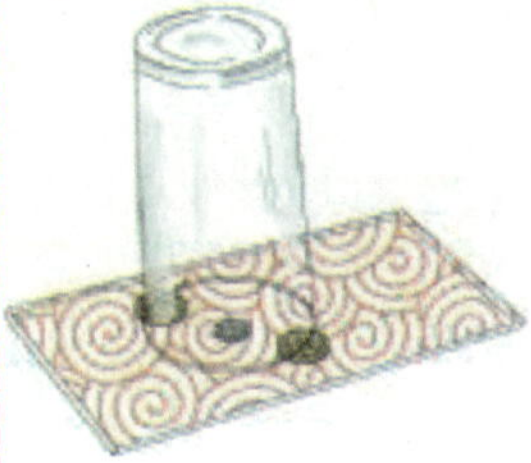

你要准备的材料

一个玻璃杯 / 一枚薄硬币 / 两枚厚硬币 / 一块桌布

我们一起做实验

1. 将桌布铺在一个平整的桌面上。
2. 把硬币整齐地码放在桌布上，薄的硬币放在中间，两枚厚的放在两边。
3. 杯子倒扣过来，杯子的边放在两枚厚的硬币上。
4. 用手指轻轻地刮动桌布。

这时你会看到

薄硬币一点点地向杯子外面移动，一会儿工夫就会“跑”到杯子外面来了。

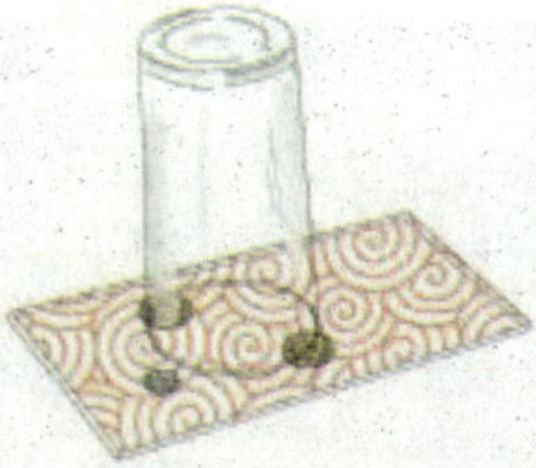

小实验 大科学

不论是桌布还是硬币，表面都不是十分平滑的，当一个物体在另一个物体上拖拉时，它们之间不平整的地方就会“抓”在一起，产生摩擦力。当你刮动桌布时，摩擦力使硬币“粘”在了桌布上，并朝着你的方向移动。但是，桌布“弹”回去的速度远比你刮动桌布的速度快，这就使桌布和硬币得以分开，桌布便在硬币下“滑”走了。如果你刮动的次数足够多，硬币就会从玻璃杯下面自己“走”出来。

玻璃杯“溜冰”

看见过玻璃杯“溜冰”吗？让我们看看下面的这个实验吧！

你要准备的材料

一块玻璃板 / 一个小玻璃杯 / 一个大杯子 / 一个水盆

我们一起做实验

1. 将玻璃板用自来水淋湿或放在大水盆里浸湿。
2. 然后把玻璃板平放在桌子上，这时在玻璃板的表面有一层薄薄的没有破损的水面。
3. 将小玻璃杯放入大杯子中，往大杯中倒入刚烧开的热水，使小玻璃杯刚好完全浸没。1~2分钟后，把小玻璃杯迅速从热水中取出，并倒扣在玻璃板的水面上。

这时你会看到

小玻璃杯在玻璃板上轻快地滑动了起来，好像在溜冰一样。

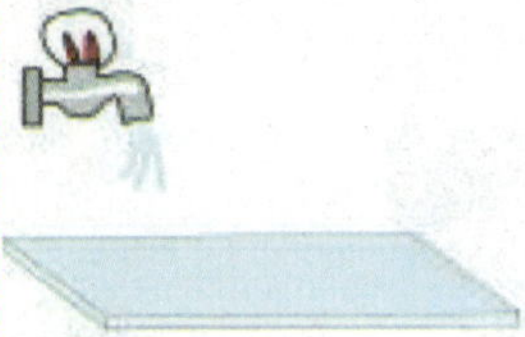

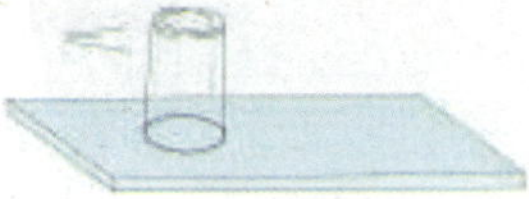

1. 玻璃板可以用家中现有的写字台上配置的当台板用的玻璃，或是窗户玻璃。
2. 当把杯子从热水中拿出来的时候，最好戴上隔热手套操作，以免烫到手。

小实验　大科学

原来，当滚烫的玻璃杯倒扣在玻璃板上时，杯中被封闭的空气受热膨胀，压强增大。这团高压空气作用在水面上，把水挤到了杯口外，但热空气仍被密封在杯中。这样，杯口和玻璃板之间便形成了一个热气垫，把杯子微微托起，使杯口和玻璃板之间的摩擦被杯口和空气之间的摩擦所代替，由于这种摩擦力非常小，所以杯子略受推动，便在玻璃板上轻快地滑行起来。

黑色吸热

夏天的时候，大家一般都穿浅色的衣服，因为深色的衣服吸热。下面这个实验可以说明这个道理。

你要准备的材料

一个小金属盒 / 两支温度计 / 一根蜡烛 / 一盒火柴 / 热水

我们一起做实验

1. 将蜡烛点燃，把金属盒的一端放在蜡烛上熏黑，越黑越好。
2. 往盒中倒入热水，将盒子放在桌子上。
3. 将温度计分别放在盒子的两端（不要挨到金属盒），一支温度计的玻璃泡对着被熏黑的一端，另一支对着没有被熏黑的一端。
4. 等待 5 分钟。

这时你会看到

对着熏黑一端的温度计度数要比另外一个高。

注意

1. 做实验之前，要先确定两个温度计的度数是一样的，否则实验容易出现偏差。
2. 注意用火安全，应选择一个比较安全的地方，比如厨房。

小实验　大科学

这是因为：黑色物体吸收的热量多。金属盒被熏黑的一端吸收水的热量多，对着它的温度计的度数当然就高了。

水是纯净的吗？

我们每天都在使用的自来水看上去清澈、透明，但它是纯净的吗？下面我们就来做个小实验，验证一下吧。

你要准备的材料

一块玻璃片 / 一根蜡烛 / 两个空易拉罐 / 自来水

我们一起做实验

1. 将玻璃片架在两个空易拉罐中间。
2. 将蜡烛固定在玻璃片下方。
3. 在玻璃片上滴上少量自来水。
4. 点燃蜡烛，观察玻璃片上水的变化。

注意

注意用火安全，以免被受热的玻璃片或易拉罐烫伤。

这时你会看到

水慢慢地蒸发了，玻璃片上留下一块白印儿。

想一想，做一做：

水壶中的水碱是什么？是怎么来的呢？想想看，并试着找出答案吧。

小实验 大科学

自来水并不纯净！里面溶解有许多杂质，如钙、镁等物质的化合物，它们在固态时大都是白色的，且不会被蒸发，也不会燃烧，所以当水受热蒸发以后，这些化合物就呈固体状态留在了玻璃片上，形成了白印儿。

会预报天气的花

有些小动物的活动是天气变化的征兆。比如，我们看到蚂蚁搬家，蜻蜓飞得很低，很多鱼儿冒到水面上，就知道是天快要下雨了。你知道吗？花儿也可以预报天气喔。

你要准备的材料

一张红纸 / 一杯浓盐水 / 一个装满土的花盆

我们一起做实验

1. 用红纸扎一朵花。
2. 在花瓣上涂上浓盐水。
3. 把纸花插到花盆里。
4. 连着仔细观察几天，并做好观察记录。

这时你会看到

当花的颜色变深的时候，天气是雨天或者阴天。当花的颜色变浅的时候，天气就是晴朗的。

注意

盐水浓度要高，否则花瓣颜色变化不明显。

想一想，做一做：

仔细观察你身边的事物，看看当天气变化的时候它们都会有些什么样的改变呢？并把它们记录下来吧。

小实验 大科学

盐是容易吸水的。纸花涂上浓盐水后，在阴天或雨天的时候，由于气压低，空气湿度大，空气中水分多，纸花上的盐吸收的水分也多，因此，纸花颜色变深。相反，在晴天的时候，气压高，空气湿度小，纸花上的盐吸收不到水分，颜色当然就会变浅。

洗不干净的衣服

我们都知道衣服是越洗越干净的，但是你知道吗，有的时候无论你花多大的工夫，衣服都洗不干净，这又是为什么呢？

你要准备的材料

脏衣服 / 洗衣粉 / 肥皂粉 / 水 / 盆

我们一起做实验

1. 在盛满水的盆中放入肥皂粉和洗衣粉。
2. 将脏衣服放在里面洗，看看有什么效果。

这时你会看到

无论你怎么用力地洗，衣服都不是很容易洗干净。

注意

可以尝试着分别用洗衣粉或者肥皂洗，比一比，洗后的效果是怎么样的。

小实验 大科学

忌肥皂、洗衣粉混用：洗衣粉呈酸性，一般肥皂呈弱碱性，二者合用会发生中和反应，反而达不到去污的目的。

会变颜色的花

在不染色的情况下，花也可以变颜色。你想知道这是怎么办到的吗？

你要准备的材料

一瓶蓝墨水 / 一枝带有叶子和花的植物枝条

我们一起做实验

1. 将植物枝条插入墨水瓶中。
2. 将瓶子放在阳光下，静置半个小时。

这时你会看到

枝条上的花变成了蓝色，连叶脉也变蓝了。

注意

1. 墨水不要太满。
2. 花朵最好用浅色的，这样实验效果更明显。

小实验 大科学

植物的枝条里面有一些小管道，这些管道叫做维管束，植物通过维管束把根部吸收的养料和水分传到身体的其他地方。蓝墨水就经过这些维管束到达了花瓣和叶脉上，所以花和叶脉变成了蓝色。

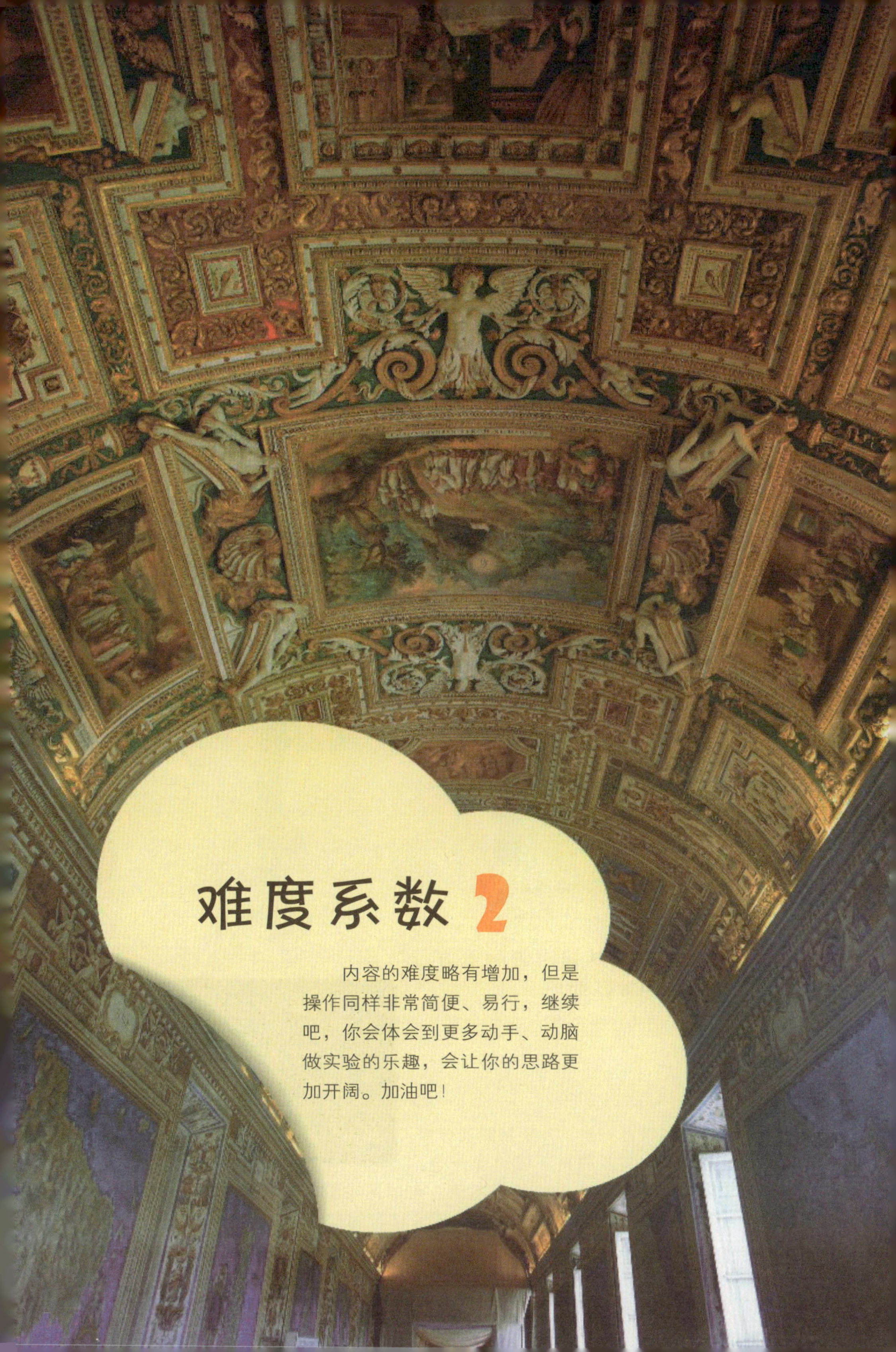

难度系数 2

内容的难度略有增加，但是操作同样非常简便、易行，继续吧，你会体会到更多动手、动脑做实验的乐趣，会让你的思路更加开阔。加油吧！

节日里的"花纸雨"

在欢乐的节日里，总少不了缤纷的"花纸雨"装点我们的欢乐，让我们自己动手来轻松制作，体会一下节日的气氛吧！

你要准备的材料

一根洗衣机上的排水管 / 一只大碗 / 足量彩色碎纸屑

我们一起做实验

1. 将彩色碎纸屑放在准备好的大碗中。
2. 将洗衣机上的排水管取出，一只手握住下端，放在大碗的上方。
3. 用另一只手握住排水管的中部靠上的位置，并用力地持续甩动排水管。

这时你会看到

彩色的纸片从排水管的上方飘飞出来，非常好看。

小实验 大科学

当我们甩动排水管时，管内的气体被扰动，形成了上旋的气流，使将下部原本静止的碎纸屑吸上来了，就是我们所看到的美丽的"花纸雨"。

注意

1. 甩动时要稍用力一些，并要持续几分钟。
2. 实验完成后，要及时将环境清理干净。
3. 如果你的手边没有洗衣机的排水管，可以用其他软的长管代替，但直径要稍大些，这样实验效果会比较明显。

筷子提米

吃饭用的筷子又细又长，是不可能提起比较重的物体的。如果这里有一杯米，让你用筷子把它提起来，你知道该怎么办吗？这又是为什么呢？

你要准备的材料

一个塑料杯 / 米 / 一根竹筷

我们一起做实验

1. 将塑料杯中装满米。
2. 用手将杯子里面的米使劲按紧。
3. 用手按住米，把筷子从指缝间插进去。
4. 用手轻轻提起筷子。

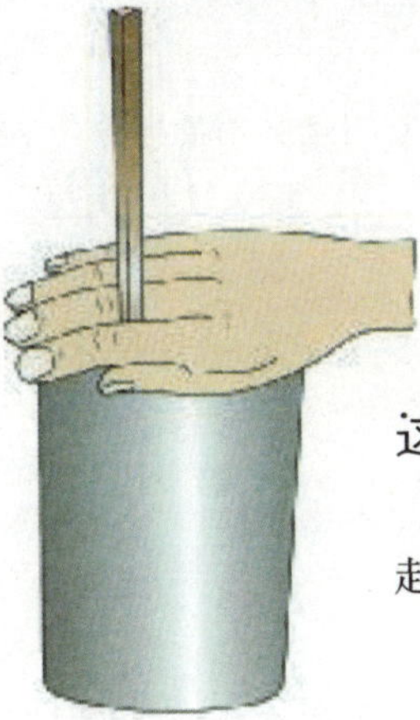

这时你会看到

杯子和米一起被筷子提起来了。

注意 用手按米的时候，一定要尽量把米按紧。

小实验 大科学

用手使劲按米粒后，杯内的米粒互相挤压，使杯内的部分空气被挤出去了。这时杯外的压强就比杯内大，就使得筷子和米粒紧紧结合在一起，所以就可以用筷子连杯带米一起提起来。

降落伞上神奇的小孔

你一定从电视中看到过跳伞表演吧，你有没有注意到那些降落伞的顶部都开有一个不大的孔？这是为什么呢？

你要准备的材料

一块正方形的手帕 / 四段相同长短的细线 / 一串钥匙 / 一把剪刀

我们一起做实验

1. 在手帕的四个角上各系一根事先准备好的细线。
2. 四根线的另一端结在一起，在结头处挂一串钥匙，做成一个小“降落伞”。

3. 将这个小小的“降落伞”从高处投下，如果下降速度较快，就拿掉几把钥匙，使它能以较慢的速度缓缓下降。看看会有什么现象发生。

4. 请你用剪刀在手帕的正中剪掉直径约6毫米的一小块，再看看会有什么现象发生。

这时你会看到

没有小孔的时候，小降落伞在降落过程中像个醉汉似的晃来晃去，摇摆不定。再投几次试试，都是如此。剪了一个小孔以后，你会发现，在下降过程中它的摇晃程度大为减小。

注意

所剪的小孔不能太大。

小实验 大科学

“降落伞”在下落过程中，会在“伞”的边缘形成旋涡，旋涡中的空气流动速度大，压强就小，而且旋涡的位置还会移动，使“降落伞”受力不均匀，于是就出现了来回摇晃现象。

用剪刀在手帕的正中剪掉一小块后，再把这个小“降落伞”从高处投下时，由于空气一部分从“伞”项的小孔中流出去，破坏了“伞”边空气旋涡的形成，减小了偶尔形成的旋涡的影响。如果孔的大小恰当，原有的摇摆基本可以消除。

“抓住”空气

空气本来是摸不着，看不见的，但是通过下面的实验，我们却可以“抓到”空气，神奇吧？快点动手做做看吧！

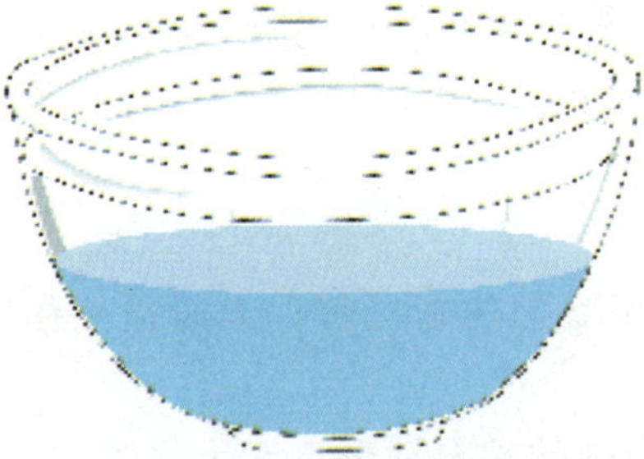

你要准备的材料

水 / 玻璃杯 / 比玻璃杯高的盆

我们一起做实验

1. 用盆装大半盆水，端放在桌子上。
2. 找来一个干净的玻璃杯，放在一边。
3. 将杯子垂直地倒扣到水中。
4. 按压杯子，直到将杯子放入到盆的底部，看看有什么现象发生。

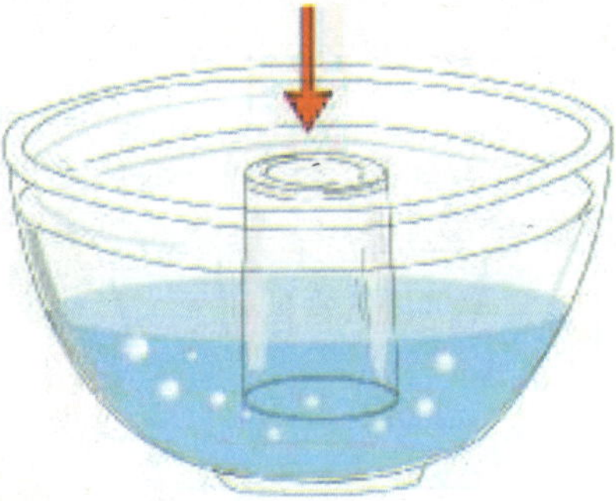

这时你会看到

当在水中放入杯子的时候，不断会有气泡冒出，当杯子里装满了水的时候，就不再有气泡冒出来了。

注意

在将杯子放入水中的时候，一定要注意，要将杯子一直按到盆的底部。

小实验 大科学

杯子里的空气被挤压后又变成了气泡从水里冒出来，所以才会出现刚才的现象。

吸管穿土豆

同学们，你能用一根塑料管在一瞬间穿过土豆吗？这不是神话，而是利用了科学原理巧妙地实现的，你不妨尝试一下。

你要准备的材料

一根直径 2.5~3 毫米、长约 150 毫米的塑料吸管或质地要求硬一点的乳酸饮料吸管 / 一个直径 30~40 毫米的土豆

我们一起做实验

1. 首先将塑料吸管按图剪成斜口，左手手心握住塑料管，大拇指按住吸管的平口处。
2. 右手用拇指和食指紧紧地拿住土豆，左手的塑料管垂直于土豆表面，从离土豆 30~40 厘米处用力刺向土豆。

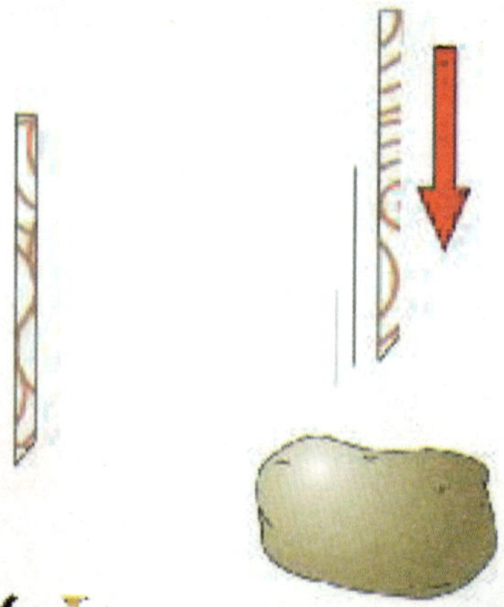

这时你会看到

吸管轻而易举地穿过了土豆。

注意

1. 尝试时注意安全！
2. 开始时可用冬瓜或其他瓜果类代替土豆进行。

小实验 大科学

当塑料吸管一端被大拇指封住，瞬间刺入土豆时，由于速度很快，再加上塑料吸管内部体积随着吸管不断的刺入而瞬间变小，空气压力突然增大，导致塑料吸管的刚性整体突然加强，就会不可思议地穿过土豆。

自制“热气球”

热气球运动越来越普遍，也有很多的宣传活动中用到了热气球，那么一个庞然大物是怎样飞升上天的呢？下面我们就来做个实验试试看吧。

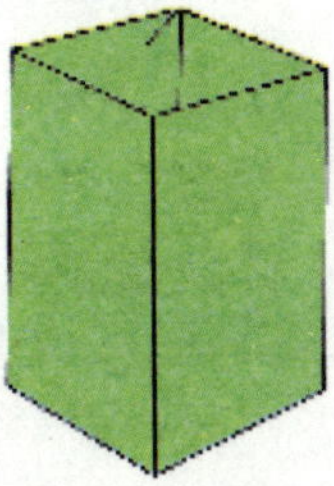

你要准备的材料

一张薄纸 / 一瓶胶水 / 一个宽口的玻璃瓶 / 一根蜡烛 / 一盒火柴

我们一起做实验

1. 将薄纸按图中的样子剪好。
2. 用胶水按图示将薄纸粘成一个立方体形状的“气球”。
3. 将蜡烛放入玻璃杯中，并用火柴点燃。
4. 将气球的开口向下放在玻璃杯的上方，稍等片刻。

这时你会看到

纸气球慢慢地升起来了。

注意

用火的时候一定要注意安全。

想一想，做一做：

原理你已经知道了，那就马上动手，做一只真正能升空的小型热气球吧。

小实验　大科学

这是因为瓶中的空气被蜡烛加热后膨胀，向瓶外溢出，于是就将放在瓶口的薄纸气球“顶”起来了。

防雾眼镜

戴眼镜的人肯定有过这种经验，冬天从寒冷的室外刚进入温暖的屋内的时候，镜片马上就会变得雾蒙蒙的，什么都看不清了，甚至去盛热汤的时候，也会出现这种状况。现在只要经过一些特殊的处理，就可以避免这样的事情发生。赶快动手试试吧。

你要准备的材料

一副眼镜 / 一瓶洗涤剂 / 一碗开水

我们一起做实验

1. 往眼镜的一只镜片上涂一层薄薄的洗涤剂，另一只镜片上不涂。
2. 将眼镜放到热开水上方。涂有洗涤剂的一面朝下。
3. 停留几秒后，再把眼镜拿开。

这时你会看到

涂了洗涤剂的镜片上仍然是透明的，而没有涂的镜片上雾蒙蒙的，布满了小水珠。

注意

1. 一定要把涂有洗涤剂的一面对着开水的方向，否则实验不能成功。
2. 拿着眼镜放在热水上方时，距离不要太近，以免热气烫伤手。

想一想，做一做：

如果你的家里有私家车，或者你经常会坐校车或公共汽车，在寒冷的季节里，车窗上是不是常会雾气蒙蒙的，影响驾驶，这是为什么呢?

小实验　大科学

开水中的水蒸气蒸发出来“跑”到镜片上，遇冷以后凝结成小水珠，这些小水珠因为水的表面张力，不能到处流动，只能收缩成球形或者半球形，使得光线散射，所以镜片看上去雾蒙蒙的。而洗涤剂可以破坏水的表面张力，没有了张力，水只能四处流动，均匀地覆盖在镜片上，所以镜片看上去仍是透明的。现在市场上的一些玻璃防雾剂就是根据这个原理制成的。

大头针的体积去哪儿了？

在一只装满水的玻璃杯中放入大头针，你能放入 100 枚而不让水溢出来吗？

你要准备的材料

一个玻璃杯 / 一盒大头针 / 水

我们一起做实验

1. 在玻璃杯中盛满水。
2. 用手指捏住针头，使针尖先碰着水面，在不让水溅跳的情况下将大头针一枚一枚放入水中。

这时你会看到

几十根大头针投入玻璃杯后，仍不见水溢出来，即使 100 枚、200 枚大头针投入玻璃杯，也不会有一滴水溢出来，只是水面会逐渐鼓起来一些。如果你有足够的耐心，请一枚枚放入，试试看，到第多少根大头针放入的时候，水才会溢出来。

注意

1. 放大头针时一定要用手指捏住针头，使针尖先碰着水面。
2. 实验前千万别用洗洁精清洗玻璃杯，那样会破坏水的表面张力作用，导致实验失败。

小实验 大科学

我们仔细观察，当足够多的大头针放入玻璃杯后，虽然没有水从杯中溢出来，但水表面已微微鼓起，原因是玻璃杯边缘常被手触摸，在表面会附着一些油脂，故而杯子边缘不易被水沾湿，加上水的表面张力，造成水面鼓起。

通常一枚大头针的体积非常小，约是 5.2 立方毫米，一个内径约 70 毫米的玻璃杯，杯中装满水，即使水面平均鼓起 1 立方毫米（中央部分超过 1 毫米），那么这部分的体积就有 3846.5 立方毫米之多，是一枚大头针体积的 750 多倍，由此可知，一个内径约 70 毫米的玻璃杯中至少可以容纳 750 多枚大头针！

可爱的浮水印

在宣纸上，不用画笔也能“画出”漂亮的图案，你知道这是怎么办到的吗？

你要准备的材料

一个脸盆 / 两张宣纸 / 一根筷子 / 一根棉花棒 / 墨汁 / 水 （约半盆）

我们一起做实验

1. 在脸盆里倒入半盆水，用蘸了墨汁的筷子轻轻碰触水面，就会看到墨汁在水面上扩展成一个圆形。
2. 拿棉花棒在头皮上摩擦两三下。
3. 然后轻碰墨汁圆形图案的圆心处，看看有什么现象发生。
4. 将宣纸放在水面上静置一会儿，再将宣纸轻轻提起。

这时你会看到

棉花棒碰触时，墨汁会被扩展成一个不规则的封闭图形。提起宣纸后，会看到宣纸已经“印”上了漂亮的图案。

注意

试试其他方法，改变水面上墨汁的图形，水印会呈现不规则的同心圆图形。

小实验 大科学

棉花棒在头皮上摩擦所涂上的少量油脂，会影响水分子互相拉引的力量，便会呈现出不同形状的图案。宣纸比较疏松，很容易吸收水中的墨水分子，于是水中的图案就“印”在宣纸上了。

恐怖的“单眼脸”

大家都知道，人是长了两只眼睛的，我们平时照镜子的时候，看到的自己也是两只眼睛的，但是你知道吗，在某些情况下，我们只能看见自己的一只眼睛，知道这是为什么吗？让我们来做下面的这个实验吧。

你要准备的材料

镜子 / 书

我们一起做实验

1. 对着镜子，在鼻梁前放一本书，把左右两眼隔开。
2. 盯着镜中的眼睛，不一会儿，一个奇怪的甚至令人恐惧的现象就出现了……

这时你会看到

镜中有一张奇怪的脸——单眼脸！脸上只有一只眼睛，而且长在脸的中间！

注意

镜子要选大一些的，这样效果会更好，另外书的长度也要长一些，切记：要将两只眼睛隔开，这样才能出现“单眼脸”的效果。

小实验 大科学

原来，人的双眼能接受两个映像，但到了大脑，两个映像就自然地重叠起来了。现在，左右两眼的视野一隔开，两眼的视线就平行了，左眼只能看到左眼的映像，右眼只能看到右眼的映像，重叠在一起，就感觉到只有一只眼睛。

举一反三

同样的道理，当我们拿一个圆筒看自己的手掌，手掌上甚至会出现一个神奇的圆洞呢！

你要准备的材料

一张稍硬的纸 / 胶水

我们一起做实验

1. 把纸的两端粘起来，形成一个纸筒。
2. 用右眼从纸筒中观察。
3. 举起左手，掌心面向自己，放在纸筒的旁边。

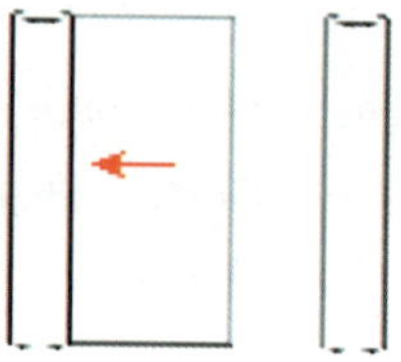

这时你会看到

左手的手掌中，好像有一个与纸筒直径一样的圆洞。

注意

1. 如果你的家中正好有各种直的管子，就可以直接观察，不用再做纸筒了。
2. 观察的时候，举起的手掌要离脸近一些，效果才会明显。

原因是什么？

请你自己想想看吧……

浮动的手指

俗话说眼见为实，但是眼睛偶尔也会欺骗你，不信看看下面这个实验。

我们一起做实验

1. 伸出双手，把两根食指伸出来，手指对手指相互接触在一起形成一个“一”字。
2. 将手抬到离眼睛 15~30 厘米左右的位置。
3. 眼睛看着手指，并将视线望向远处。

这时你会看到

除了两根手指外还会出现第三个部分！在两根手指之间出现了带有两个指甲的短手指。

注意

眼睛要向远处看,视线的角度略微偏向手指的下方。

小实验 大科学

这是一个光学上的错觉，从离你眼睛很近的物体发出的光是散开的。从远处物体传过来的光是平行的，远处物体的光线传进了你的眼睛，近处物体就看不清楚，于是错觉就出现了。

巧认旋转的字

旋转中的字我们是很难辨认出来的，但是通过下面的实验，我们却能轻松办到！

你要准备的材料

卡片纸 / 剪刀 / 玩具电动机轴 / 深色布

我们一起做实验

1. 用卡片纸剪一个直径 30~40 毫米的圆片，上面写上你的姓，把玩具电动机轴插过圆纸片的中心，用一节电池使它高速转动。不管在阳光下还是灯光下（包括日光灯），看看能够看见字吗？
2. 你把电视机放在空频道上，并用深色布遮住上面大部分屏幕，下部只留 10 毫米宽的窄缝，在窄缝屏幕光的照射下，只要用手指摩擦电动机轴，调节转速到一定值时，看看能够看见字体吗？

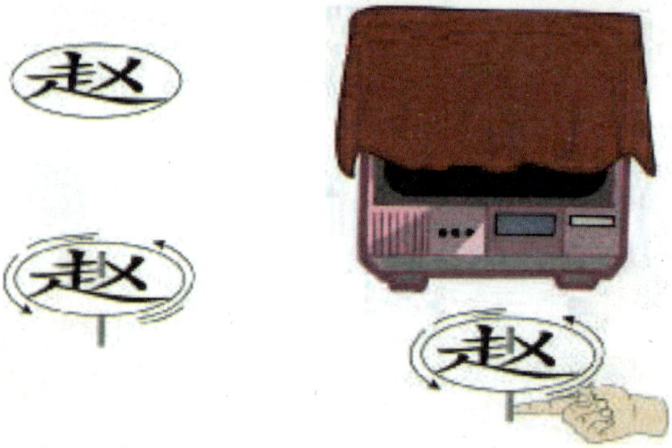

在用刀的时候要注意安全。

这时你会看到

在第一种情况下，你是无法看清圆纸片上的字的。但是，放到电视机旁边，就能看清楚圆纸片上的字了。有趣的是，字看上去是静止不转的。

小实验 大科学

电视机的屏幕光，是一种每秒闪动 50 次的频率闪光，遮掉大部分屏幕，就使每一次闪光的持续时间变得极短，这就使字在眼中的映像不致因“视觉暂留”而模糊，只要圆纸片的转速和闪光频率一致，字看上去就是不动的了。

“分分合合”的气球

两只气球什么情况下会相互吸引，什么情况下会相互排斥？

你要准备的材料

两只气球 / 一根线绳 / 一张硬纸板

我们一起做实验

1. 将两只气球分别吹好气，并将吹气口扎好系紧。
2. 用线将两只气球连接起来。
3. 用气球在头发（或者羊毛衫）上摩擦。
4. 将连接两只气球的线从中间提起。观察所发生的现象。
5. 将硬纸板隔在两只气球的中间。观察所发生的现象。

这时你会看到

当提起线绳的中间时，两只气球立刻分开了。将硬纸板放在两只气球之间时，气球上的静电又使它们被吸引到纸板上。

注意

在毛料衣服上摩擦气球的时候，不要太用力，以免将气球弄破。

小实验 大科学

当气球经过摩擦以后，会产生相同的电荷，所以，当它们被提起来时，由于同种电荷相斥，它们便会“自行分开”。而当插入纸板后，由于纸板所带的电荷与气球相反，两个气球便被吸引到纸板上了。

吸星大法

听了这个名字，你一定很感兴趣，到底什么是吸星大法呢？下面我们来看看这个实验吧。

你要准备的材料

一只气球 / 一件毛衣 / 卫生纸

我们一起做实验

1. 将气球吹好，在吹口处打结，以免漏气。
2. 手拿气球，用毛衣反复摩擦气球的一面约50下，没有毛衣的话，头发也可以代替啊，拿它在自己干燥的头发上摩擦几遍。
3. 把卫生纸剪成小星星的形状，堆成一堆。
4. 手持气球，用它刚被摩擦过的那一面靠近小星星。

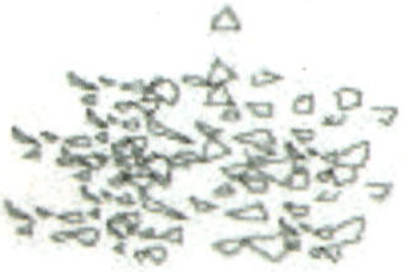

这时你会看到

一颗颗“小星星”被吸起来了！

注意

要把卫生纸尽量剪得细碎一些，这样效果会更明显，如果能有彩色的卫生纸，效果就更好了。

小实验　大科学

所有的东西都带有正电和负电，但大多数东西所带的正负电一样多，互相抵消，所以我们感觉不到电的存在。两样东西相互摩擦后，其中一样东西的负电就会跑到另一样东西上。结果正电比负电多的东西，变成带正电；负电比正电多的东西，便带了负电。带电体能吸引轻小物体，所以小星星被吸起来了。

举一反三

药丸也会“着魔”哦，这很有趣吧？让我们看看具体怎么做。

你要准备的材料

未开封的喉症丸管

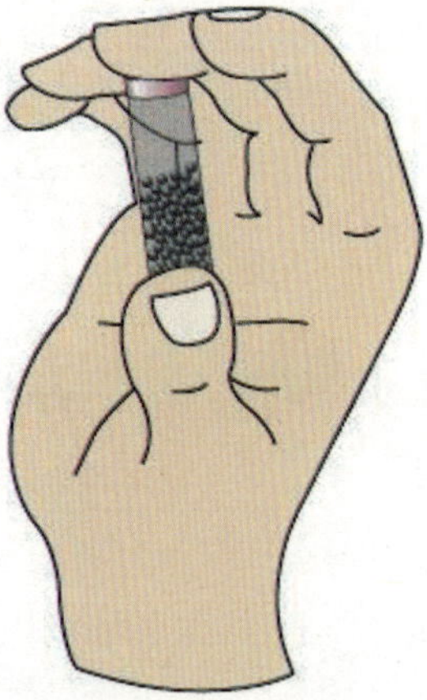

我们一起做实验

1. 花几角钱，到药房买一瓶用塑料管装的“喉症丸”，不要启封。
2. 用右手的大拇指和中指捏住管的两端，摇动塑料管 6~8 次，然后竖起管子（仍用食指和拇指捏着塑料管）。

这时你会看到

管内的小药丸都像“着了魔”似的，有的贴壁挂着，有的粘在管顶，有的凌空悬浮。用左手从上到下慢慢抚摸管壁，又可见小药丸纷纷落下，重新集聚在管的下部。

注意 除了这种药丸，也可以换成其他药丸，只要外侧是很好的绝缘体就可以。

原因是什么？
请你自己想想看吧……

能够吸引硬币的梳子

梳子除了能够梳头，还能够把硬币吸起来，你知道这是怎么回事吗？让我们来做这个实验吧！

你要准备的材料

梳子 / 硬币

我们一起做实验

1. 把一枚硬币竖立在平整的玻璃板上。
2. 拿一把塑料梳子在干燥的头发上梳理几下。
3. 将带电的梳子凑近竖立硬币的侧面。

这时你会看到

硬币会被梳子吸引而倒下。

注意

一定要把硬币竖立放着，这样效果会更好。

想一想，做一做：

在我们的身边，关于静电的实验可以开发很多，请你动脑想一想，并自己动手试试看吧。

小实验　大科学

当把塑料梳子在干燥的头发上梳理几下后，这时梳子上就带有大量负电荷。因为硬币是导体（铝合金），带电梳子靠近时，硬币受到静电感应而带上正电荷，而且异种电荷会互相吸引，所以硬币就被梳子吸倒下了。

拣盐粒

要是让你把掺和在一起的粗盐粒和胡椒粉区分开来，你会有哪些好方法呢？现在，我来提供一个方法吧，比比看，谁的方法更好。

你要准备的材料

一把塑料汤勺 / 一勺粗盐 / 半勺胡椒粉 / 一条毛巾

我们一起做实验

1. 把盐和胡椒粉掺和在一起。
2. 用塑料汤勺在毛巾上摩擦两分钟。
3. 拿着汤勺慢慢靠近盐和胡椒粉。

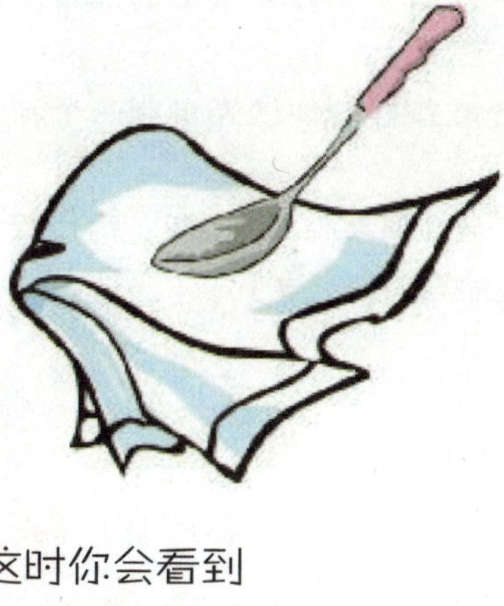

这时你会看到

胡椒粉全都“跳”起来吸附在汤勺上，胡椒粉和粗盐粒很快就分开了。

注意

不要把汤勺放得太低，否则盐粒可能也会被吸附起来。

小实验 大科学

塑料汤勺经过摩擦后带有静电，产生了吸引力。当你拿着它接近胡椒粉和粗盐时，胡椒粉比较轻，所以就被吸起来了。

会上坡的圆盒子

圆盒子不只会下坡，它还会上坡呢！你相信吗？一起来看看吧！

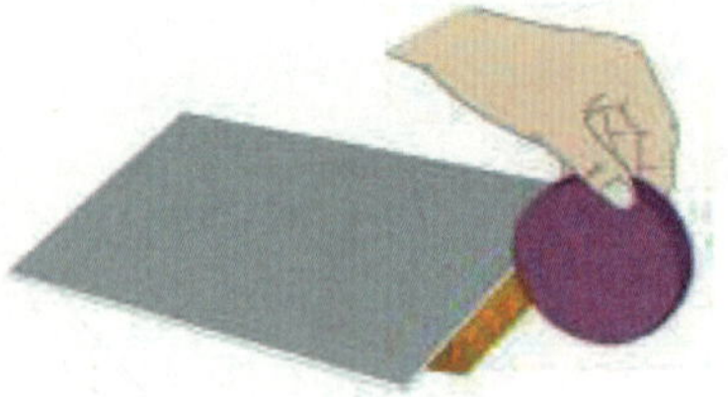

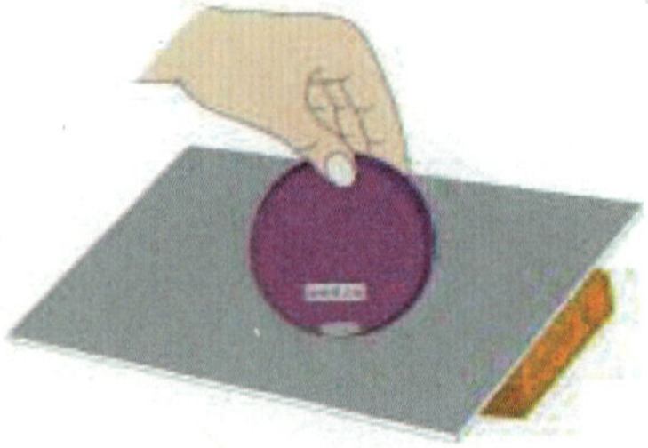

你要准备的材料

一个有盖的圆盒子 / 一块小石子 / 一点黏土 / 一些能做成斜坡的硬纸壳

我们一起做实验

1. 用黏土将小石子固定在圆盒子内部，并盖上盒盖。
2. 在盒子外面，在黏有石子的位置用笔作个标记。
3. 用事先准备好的硬纸壳自制一个斜坡。
4. 将盒子放在斜坡底部，有标记的位置一定要略靠前放，放手。

这时你会看到

圆盒子竟然会沿着斜坡向上滚动。

注意

1. 在这个实验中，如果你手边没有黏土，也可以用胶带或橡皮泥将石子固定。
2. 石子的大小及斜坡的坡度要适当，你可以选择几个不同大小的石子逐个试试看，并用你事先准备好的硬纸壳调整一下斜坡的高度。

小实验 大科学

圆盒子之所以能够沿坡而上，是因为其中那块小石子的作用。作用在小石子上的地心引力比拉圆盒下坡的地心引力要大，所以盒子才会向上滚。

自动旋转的口袋

装满水的塑料口袋会自动旋转，你知道这是为什么吗？

你要准备的材料

一个塑料口袋 / 一根大约长 80 厘米的绳子 / 一把剪刀 / 水

我们一起做实验

1. 在塑料袋下端的两个角落处各剪一个洞。
2. 将绳子的两端分别系在塑料袋上端，然后在绳子中间打结，使绳子合为一股。
3. 将塑料袋放入盆中装满水，提起袋子。

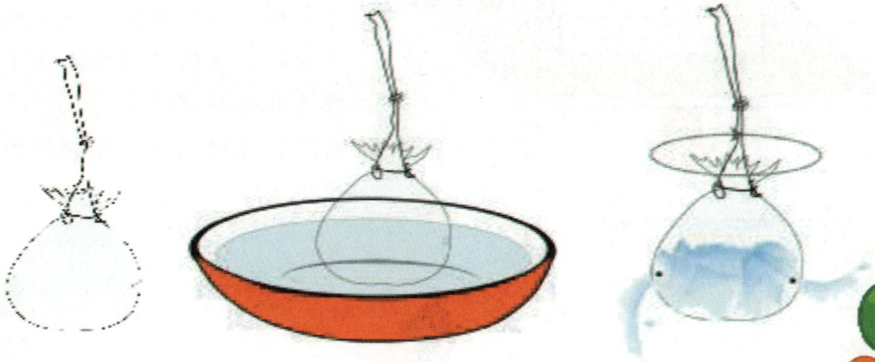

这时你会看到

塑料袋一边喷水，一边飞快地转动。

注意

1. 在塑料袋上剪的洞不要太大，黄豆大小就可以了。
2. 这个实验最好在厨房、浴室或室外进行，以免流出的水将环境弄脏。

小实验 大科学

当水从塑料袋底部的孔中喷出来的时候，会对塑料袋施加一个反作用力，塑料袋就是在这个反作用力下转动的。

压不破的鸡蛋

众所周知，生鸡蛋很容易会被压破，甚至轻轻磕一下就会破。如果我告诉你在生鸡蛋上放上木板再放上书它都不会破，你知道这是怎么办到的吗？

你要准备的材料

四枚鸡蛋 / 一大团橡皮泥 / 一块小木板 / 几本厚书

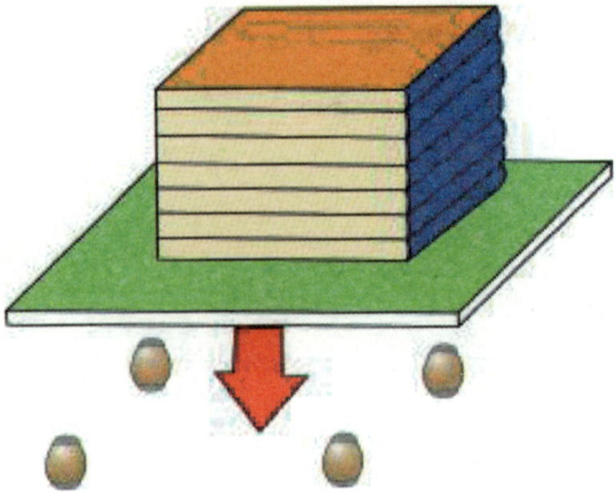

我们一起做实验

1. 把橡皮泥分成四小团，分别粘在地面上，在每小团橡皮泥上立一枚鸡蛋。
2. 在四枚直立的鸡蛋上放一块小木板，然后，在小木板上摆上几本厚书。
3. 甚至，你可以自己坐到木板上试一试。

这时你会看到

鸡蛋居然安然无恙。

注意

鸡蛋的高度应尽量一致，否则有可能会影响实验结果。

小实验　大科学

这是因为：相同材料的强度大小，取决于其形状的不同。这就像把一个火柴盒平放和直立起来，两者所能承受的重量也不相同，直立的火柴盒能承受较大的重量。

巧落火柴盒

让一只装有火柴的火柴盒直立着从距桌面约 30 厘米高处自由落下，火柴盒落到桌面后总是向一边倾倒而无法保持直立状态，让人感到这似乎是一个无法改变的事实。真的没有办法了吗？

你要准备的材料

火柴盒

我们一起做实验

把火柴盒的内盒抽出一半左右，再让它竖直下落。

这时你会看到

火柴盒几乎每次都能在桌面上直立站稳。

注意 为了使内盒能顺利缩回盒内，火柴不宜装得太满。

小实验 大科学

这是由于内盒抽出二分之一后，火柴盒的重心提高了，而当它落到桌面上时，由于火柴杆重量的作用内盒又迅速缩回盒内，重心随之下降。这一过程延长了火柴盒和桌面发生碰撞的时间，减小了桌面对它的作用力，和未抽出内盒时相比，火柴盒的稳定程度明显提高了，所以就不会翻倒。

水中取钉

如果你的同学给你出一道智力问题：能不能从一杯水中取出铁钉。条件是不准把水倒掉，手也不准伸入水中。你知道该怎么办吗？下面的这个实验就教你具体怎么“智取铁钉”。

你要准备的材料

一个玻璃杯 / 水 / 铁钉 / 磁铁

我们一起做实验

1. 在玻璃杯中注入水。
2. 将铁钉投入放着水的玻璃杯中。
3. 将磁铁紧贴杯底，逐渐向杯口移动。

注意

只能选择玻璃杯而非铁质搪瓷杯盛水来做这个实验，因为那些罐壁的主要成分是铁，外界的磁力线很难将其穿透而吸住铁钉。

这时你会看到

铁钉自动地被磁铁吸上来了。

小实验　大科学

因为实验用的水杯是玻璃制品，磁力线可以轻易地穿透玻璃吸住铁钉。

用线“钓冰”

大家都知道用钓鱼竿是能钓鱼的，可是你们听说过用线“钓冰”吗？很惊讶吧，可是你也可以做到的。

你要准备的材料

线 / 食盐 / 杯子 / 冰块（最好是四方形）

我们一起做实验

1. 把冰块放进杯子里，然后将线的一端搭在冰块上。
2. 在冰块搭着的线上撒一些食盐。
3. 等 10~20 秒后小心地提起线。

这时你会看到

冰块随线被提上来。

注意

1. 这个实验最好在低于 0℃ 的温度下进行，比如冬天的室外，或是冰箱的冷冻室中。
2. 食盐一定要撒在冰块上搭着线的位置。

小实验 大科学

因为将食盐放在冰上时，冰在低于 0℃ 的温度下也能被融化。所以，把食盐撒在冰块上时，结冰点就会更低，在 0℃ 下结冰的冰块便开始融化。

也就是说，撒有食盐的部分，冰被融化，变成小水窝，将线埋于其中。但是，随着冰块的融化，盐的咸度逐渐下降，使水的结冰点重新被提高而结冰。于是线就被冻到冰块里面了。

烫不坏的手帕

大家都知道，用烟头在手帕上触一下，手帕就会被烧出一个洞。但是经过一些特殊处理，手帕就“不怕”烧了。你知道这是怎么做的吗?

你要准备的材料

一条手帕 / 两枚 1 元的硬币 / 一根烟 / 一盒火柴

我们一起做实验

1. 把硬币叠起来，用手帕包紧。
2. 把烟点燃。
3. 用点燃的烟头去触手帕包有硬币的部分。

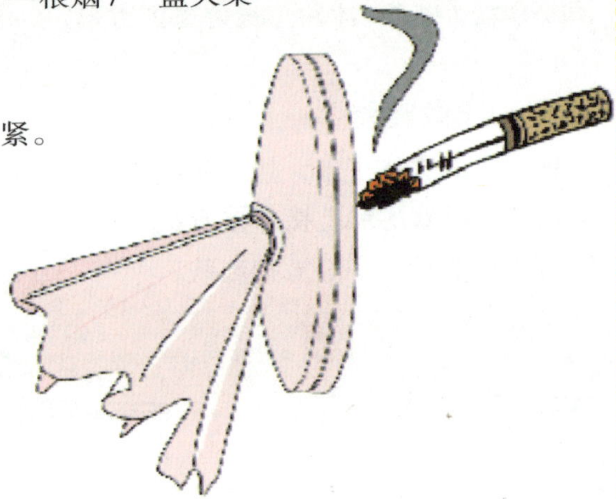

这时你会看到

被烟头触过后，手帕居然完好无损。

注意

手帕必须紧紧地裹住硬币，同时，烟头与手帕接触的时间不能太长，否则手帕依然会被烧坏。

想一想，做一做：

如果把硬币换成铁棒或是其他导热比较快的物体成不成呢？请你想一想，并且亲自动手试试看吧。

小实验 大科学

硬币是由金属制成的，它们具有很好的导热性能。烟头接触手帕后，它的热量都被硬币很快地分散，手帕实际上承受的热量并不多，所以手帕没有被烧坏。

有趣的花盆冰箱

你能不能用花盆做一个冰箱，在热天里保存冷饮？其实很简单，就让我们来试试看吧。

你要准备的材料

一个大的盘子 / 一个花盆 / 一瓶冷水 / 一瓶温的饮料

我们一起做实验

1. 将饮料放在盘子里。
2. 用花盆盖住饮料，并往花盆上面浇水。
3. 将盘子、饮料和花盆放在阳光下，静置约一个小时。
4. 从花盆下取出饮料。

这时你会看到

原本温的饮料变得清凉可口。

注意 盘子中始终要保持有足够的水。

小实验 大科学

这是因为：湿花盆以及盘子中的水在阳光下，都会吸热蒸发，在蒸发过程中就会带走一部分热量，于是花盆会变得更凉，从而冷却了饮料。

散热的酒精

大家可能有过这样的体会。有时候身上出现一些小伤口，医生会往伤口上涂一些酒精消毒，这时你会觉得涂酒精的部位特别凉，你想知道这是什么原因吗？下面这个小实验就可以告诉你答案。

你要准备的材料

两支温度计 / 一团棉花 / 少许酒精

我们一起做实验

1. 将两支温度计用力甩动，使它们处于同样的温度值上。
2. 将棉花在酒精中浸湿。
3. 用浸湿的棉花将一支温度计下端的液泡包住，另一支温度计直接暴露在空气中。
4. 放置 5 分钟左右。

这时你会看到

被棉花包住的温度计显示的温度比另一支要低。

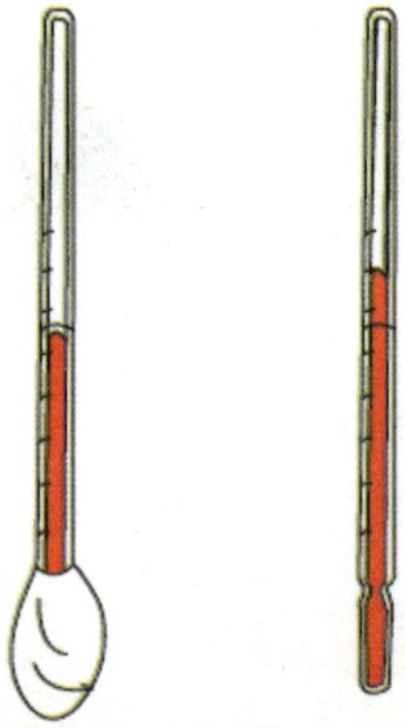

注意

一定要用棉花把温度计下端的液泡紧紧裹住，否则实验的效果不明显。

小实验 大科学

温度计是靠它下端的液泡来感应周围的温度。我们用沾了酒精的棉花包住液泡后，棉花上的酒精会蒸发成气体，温度计显示的温度降低，就说明酒精在蒸发的时候会带走周围的热量，所以我们才会感觉到凉。

鸡蛋“冒汗”

你见过鸡蛋“冒汗”吗？这是一个有趣的实验，可以帮助你了解鸡蛋的一些特点。

你要准备的材料

炒锅 / 黄沙 / 一枚新鲜鸡蛋

我们一起做实验

1. 在炒锅内放一些干燥的黄沙。
2. 取来新鲜的鸡蛋，把蛋的大头一端放在沙中，露出小头一端，整个鸡蛋大约有一半埋在沙中就行了。
3. 将炒锅放在炉灶上加热，同时仔细观察鸡蛋。

这时你会看到

过了一会儿，蛋壳表面冒出一小滴一小滴的水珠，像是出汗似的。

注意

1. 一定要选择干燥的沙子，这样实验的效果会更好。
2. 使用炉灶加热的时候要注意安全，最好让家长陪同以保证用火安全。

小实验 大科学

鸡蛋为什么会出汗呢？那是因为蛋壳的表面粗糙不平，蛋壳上还有许多细孔。据科学家计算，一枚鸡蛋表面的小孔有 7000 个左右。这些蛋壳上的小孔又叫气孔。我们知道，生命离不开空气，鸡蛋受精卵发育生长也需要一定的空气。在鸡蛋中，有一个贮存空气的空腔，叫做气室。蛋中的胚胎发育成长，需要呼吸，所呼吸的空气，就是通过蛋壳上的小孔进入蛋内的。

当你把鸡蛋放在沙中加热时，鸡蛋中的蛋白、蛋黄遇热膨胀，蛋内的压力增大，必然使鸡蛋中的一部分水汽化，水蒸气被迫从蛋壳的气孔中挤出来，就出现了一滴一滴的小水珠，这就是鸡蛋“冒汗”的秘密。

水制放大镜

大家应该都见过放大镜，芝麻那么小的东西透过放大镜也能看得很清楚。平常见到的放大镜大都是用玻璃制成的，现在我们用水也可以制成放大镜，一起来试试看吧。

你要准备的材料

一个大碗 / 几颗彩色的珠子 / 一张保鲜膜 / 水

我们一起做实验

1. 将彩色珠子放入碗中。
2. 用保鲜膜把碗封住，用手轻轻把碗口上的保鲜膜向下按一些，使保鲜膜呈倒锥形。
3. 将水倒在保鲜膜上。
4. 透过水看碗中的彩色珠子。

这时你会看到

碗中的彩色珠子变大了好几倍。

注意 把保鲜膜向下按的时候不要按得太深，适度就好，不要把保鲜膜弄破。

小实验 大科学

当保鲜膜被按成了倒锥形，再往上倒水，就相当于一个凸透镜，而通过凸透镜看物体会比原有形态大很多。放大镜就是利用这个原理制成的。

头发被溶化了

掉落的头发总是令人心烦，你们知道头发是可以被溶化的吗？

你要准备的材料

一些头发（可以收集平时梳头时掉下来的）/一只小碗/一瓶漂白剂

我们一起做实验

1. 将头发放进碗中。
2. 再倒入漂白剂，直到把头发淹没为止。
3. 静置半小时。

这时你会看到

头发丝居然被融化得只剩一点了。

注意

1. 使用漂白剂的时候要注意安全，不要弄到皮肤上。
2. 不小心沾上后，需要马上用大量清水冲洗。

小实验 大科学

头发是酸性的，而漂白剂是强碱性的，酸碱在一起就会发生化学中和反应，所以头发就被溶化了。

平时我们洗衣服的时候，不能用漂白剂洗带酸性的衣服就是这个原因。不然，衣服就会被“烧”坏。

酒瓶“开炮”

大家见过战场上作战的大炮，但是见过酒瓶子也会喷发出炮弹吗？让我们尝试着做一下。

你要准备的材料

空酒瓶 / 小苏打粉 / 白醋 / 软木塞 / 两根细圆棍

我们一起做实验

1. 找一只空酒瓶，洗干净，把 3~4 克小苏打粉（可用压碎的小苏打片）放入瓶里。
2. 然后倒入一些白醋，迅速塞上软木塞（不能用橡皮塞），不要塞得太紧，不漏气就可以了。
3. 事先在地面上平行放两根细圆棍（或铅笔），“装药”后的酒瓶就放在细棍上。

这时你会看到

过一会儿，瓶子会“嘭”地一声，把塞子“发射”出去，瓶身随即向后反冲。

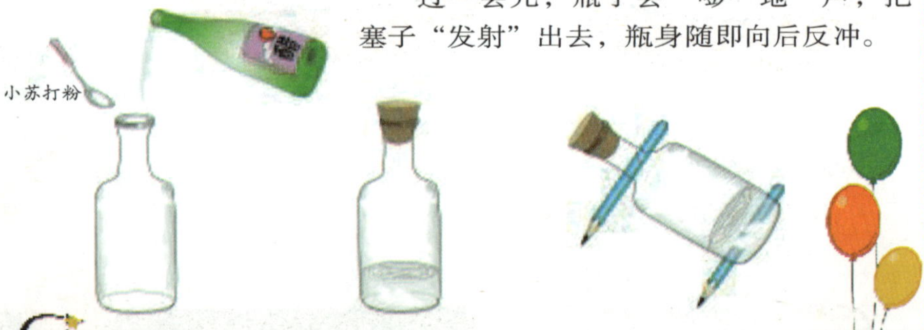

注意

1. 这个实验必须在室外空旷处进行，放下“装药”的酒瓶后应迅速后退，而且不要站在“炮口”前，以免自己被喷出的瓶塞“射中”。
2. 一定要在老师或家长的指导下进行。

小实验 大科学

小苏打的化学成分是碳酸氢钠，遇到醋酸后发生化学反应，产生大量二氧化碳气体，使瓶中压力大增，最后“开炮”。

“流泪”的苹果

苹果是大家都喜欢吃的水果，但是你知道吗？苹果也是会“哭”的！

你要准备的材料

苹果 / 刀 / 糖

我们一起做实验

1. 把苹果上端的果皮削去，用刀挖成一个倒圆锥形的洞窝，使圆锥状洞窝的尖端开口恰好位于苹果的另一端。
2. 按大口朝上小口向下的方向悬放苹果。注意观察苹果底部开口处，半天也不见有水分流出。
3. 这时，你若把白砂糖（或食盐等）均匀洒在洞窝里面，看看有什么现象。

注意

在用刀子挖苹果的时候要注意安全，不要把手弄伤。

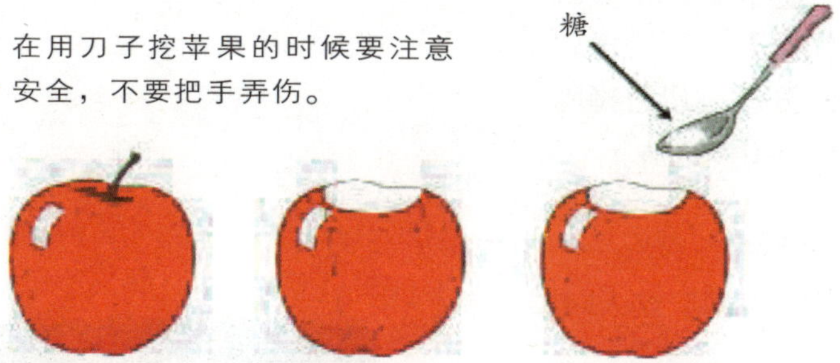

这时你会看到

马上就会看到锥面上神奇地出现了水分。水分渐渐汇聚于底，“塞”满开口。约 20 分钟左右，一颗晶莹透亮的水珠自然滴落下来。此后，水分便不断地渗出、流淌、滴下。

小实验 大科学

你知道砂糖为何能“引”水吗？苹果洞窝里面有少许水分，将糖洒到上面，糖溶化后，形成了一层高浓度的溶液。因为苹果细胞液的浓度较低，于是水分就从低浓度的苹果细胞液里渗透到外面的糖液里，然后汇聚成“水流”。

肥皂燃烧了

大家都知道，肥皂是用来洗衣服的，但是它怎么能燃烧呢？通过下面的实验我们就知道了。

你要准备的材料

肥皂 / 擦床（擦子）/ 玻璃杯 / 乙醇（俗称酒精，药房有售）/ 木筷子 / 宽大的器皿 / 空罐头盒

我们一起做实验

1. 将空罐头盒去掉顶盖之后，洗净，晾干。在擦床上把半块左右的肥皂擦成粉状。
2. 在玻璃杯里放入 1/4 杯的肥皂粉和 1 杯的乙醇。
3. 在大器皿里倒入热水（60℃左右）后，把玻璃杯放到器皿里使肥皂融化并搅拌均匀。
3. 当透明的乙醇里出现肥皂色时，将乙醇移入罐头盒里，放置 10～20 分钟，让它凝固。
4. 在凝固的固体乙醇上，试着点火。

这时你会看到

在固体燃料上点火时能点着。

注意

1. 请不要喝乙醇，也不要让挥发的乙醇熏到眼睛！
2. 周围禁放易燃品！
3. 在确认点火情况时，绝不要靠近火源察看！
4. 这个实验比较危险，一定要在老师的指导下进行。

小实验 大科学

进入乙醇里的肥皂，起到帮助乙醇凝固的作用。所谓“固体燃料”是为了区别像石油那样的液体燃料和像天然气那样的气体燃料，而对钢、铁、煤、木炭等的统称。用在火箭上的化学燃料也是固体燃料。虽然与液体燃料相比，固体燃料在制作上有很多麻烦，但制作后使用起来既方便又安全，所以被人们广为利用。

种子发芽需要阳光吗?

种子发芽需要水分、空气等条件，那么种子发芽需不需要阳光呢？我们做以下这个实验就会知道答案了。

你要准备的材料

两个杯子 / 一些菜豆种子 / 一个黑色盒子 / 水

我们一起做实验

1. 往两个杯子中各倒入一些菜豆种子。
2. 再往杯中加适量的水，不要使菜豆种子全部淹没。
3. 把其中一个杯子放在阳台上，另一个杯子用黑色盒子罩起来。

这时你会看到

最后两个杯子里的菜豆种子都发芽了。

注意

1. 水一定要适量，不能把种子全部淹没，在实验过程中一定要保证种子能够接触到空气。
2. 如果没有黑盒子的话，也可以自己动手制作一个，用任何的纸盒涂上黑色的颜料就行了。

小实验 大科学

原来种子发芽和阳光没有多大的关系。种子发芽时所需要的营养全部来自种子内部所储存的营养，不需要通过光合作用来获取养料，所以被埋入地下的种子依然会发芽。当然，有些种子在没有阳光的情况下，发育得会差一些。

变绿的黄豆芽

黄豆芽大家应该都见过，金黄色的豆芽特别惹人喜爱。如果我告诉你，可以通过一种方法把黄色的豆芽变成绿色的。你知道这是怎么办到的吗？

你要准备的材料

两个碟子 / 一块布 / 几十根黄豆芽

我们一起做实验

1. 把黄豆芽分成两部分，分别用两个碟子装好。
2. 把一个碟子用布遮好，不见阳光；另一个碟子用布遮盖，放在阳光充足的地方。
3. 把这两个碟子照这样放置两天。

这时你会看到

在阳光照射下的那碟豆芽变绿了，另一碟仍然是金黄色。

注意

用布遮盖的时候一定要遮盖严实，否则可能会影响实验效果。

小实验 大科学

植物体内含有叶绿素、叶黄素等色素，哪种色素占优势，植物就呈现相应的颜色。受阳光照射后，豆芽体内产生大量的叶绿素，因而豆芽变成了绿色。而被布遮起来的豆芽体内叶黄素仍然占优势，因而还是金黄色的。

你见过种子的“嘴”吗？

植物种子落在湿润的土壤里，就会发芽生长，可是装在瓶里的干燥种子是不会萌发的，这是什么原因呢？让我们通过下面的这个实验揭秘吧。

你要准备的材料

几粒干豌豆 / 小碟子 / 水 / 放大镜

我们一起做实验

1. 让我们把几粒干豌豆放在小碟子里，再倒入一些水。
2. 过一会儿，你会观察到豌豆外皮出现了皱纹，然后皱纹不断扩散，豆粒也开始膨胀“发胖”。
3. 到皱纹消失时，外皮已被涨破。种子就要发芽了。显然，水是种子萌发的重要因素（另外还需要一定的温度）。
4. 想知道水分是怎么进入种子里去的吗？你在豌豆刚刚起皱纹时，取出一粒用高倍放大镜观察，看看有什么发现。

这时你会看到

在最先起皱纹的部位有一个很小的孔，这就是种子的“嘴”。

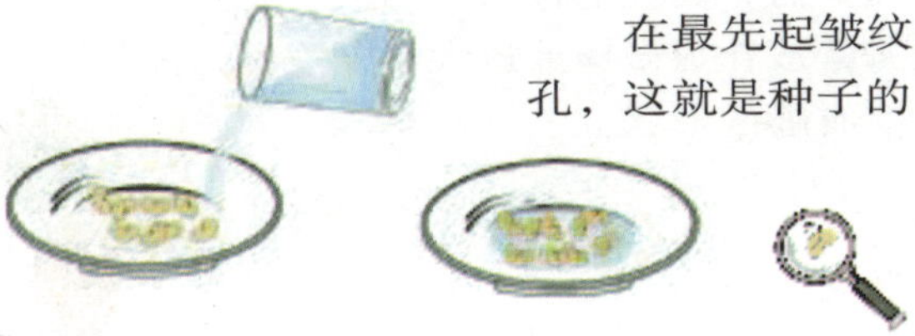

注意

1. 如果没有豌豆，可以用其他植物果实代替。
2. 豌豆浸泡的时间要尽量的长一些。

小实验 大科学

植物学家称植物的嘴为“种孔”，新生命的第一口水就是从这里“喝”进去的。

想一想，做一做：

你可以多准备一些碟子和豆子，将它们分别放在不同的位置，比如阳台上、室内窗台上、床底下……让它们处在不同的环境（阳光、温度、湿度……）条件下，观察它们发芽的状况有什么不同，并将它们记录下来，分析一下原因吧。

面包霉菌

大家都见过发霉的面包，那你知道面包为什么会发霉吗？面包上面的霉到底是什么呢？大家或许还不知道，这种物质还有其积极的意义呢！

你要准备的材料

玻璃瓶 / 箔 / 金属线 / 水 / 一块面包 / 放大镜（或显微镜）

我们一起做实验

1. 将面包挂在金属线上，放进玻璃瓶。
2. 然后，在瓶内放一些水，这样可使面包受潮，但不能让水浸及面包。
3. 瓶子口用箔盖好，使瓶子里面保持潮湿。

这时你会看到

几天后，面包上长出了霉菌。将生长出的霉菌放在显微镜或放大镜下观察，注意它们有趣的形状。

注意

这个实验的时间较长，要有耐心地去观察。

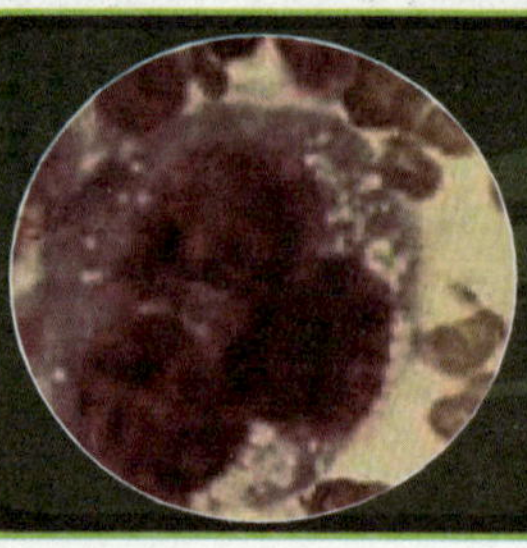

小实验　大科学

真菌孢子（包括霉菌孢子）存在于空气之中，它们掉在面包片上，当条件成熟时，就成长为霉菌。长出一层霉菌，大约需要几天时间。霉菌有几种颜色，有一种蓝绿色的叫做青霉菌。从这种菌中可提取用于消除炎症的青霉素（盘尼西林）。

能“祈福”的花

对于上面“写”着“福”、“寿”等字样的祈福水果，我们一定不陌生，那是怎样做到的，你知道吗？下面就让我们来做个实验看看吧。

你要准备的材料

一盆大叶植物 / 一枚曲别针 / 一张稍厚的纸片 / 一把剪刀

我们一起做实验

1. 用剪刀将纸片剪成你想要的形状或字样。
2. 用曲别针将剪好的形状或字样固定在植物的叶子上。
3. 几天后，将纸片移开。

注意 纸片要稍厚一些，如果有深色的纸片效果会更好。

这时你会看到

叶子上出现了你剪的纸片的形状。

小实验 大科学

这是由于被遮住的部分缺少了阳光的照射，无法进行光合作用，或是光合作用很差，以致影响了叶绿素的合成，因此，被遮住的那部分颜色就变浅了。

想一想，做一做：

现在你知道水果上的字是怎样“写”上去的了吧！如果有条件，你自己也可以试试看啊！

吸水的萝卜

大家都知道植物也是要“喝水”的，但是你知道这是怎么实现的吗？让我们来试试看吧。

你要准备的材料

胡萝卜 / 小刀 / 水 / 糖 / 墨水 / 透明的吸管 / 玻璃杯 / 废塑料泡沫

我们一起做实验

1. 将胡萝卜洗干净，用刀在上端挖一个 2~3 厘米深的小窟窿。
2. 用水把小窟窿洗干净，并清除掉窟窿里的碎块。在小窟窿中灌入由 1 份水和 2 份糖混合成的糖水，在糖水中滴入一点墨水，使它染上红色或蓝色。用穿孔的泡沫块把小窟窿塞紧，孔里插入一根透明的吸管。
3. 用刀削胡萝卜的尖端，使水更容易通过露出的组织。把削好的一端放到盛水的玻璃杯里，半小时后，看有什么现象发生。

这时你会看到

汁液沿着吸管缓缓上升。

注意

1. 这个实验需要的时间较长，所以应该耐心等待。
2. 塑料泡沫你可以在家中电器等的包装中找到。

小实验　大科学

这个实验足以证明，根是吸收水分的。并且，植物体中存在着众多用于运输水和各类养分的“导管”——维管束，这些“导管”将各类养分运送到植物体的各个部分，以供植物生长发育的需要。

不吃糖的熟土豆

看了这个题目就觉得很新鲜吧？熟土豆不吃糖，难道生土豆会吃糖吗？

你要准备的材料

两个大土豆 / 白糖 / 盘子 / 刀子

我们一起做实验

1. 拿两个大土豆，把其中一个放在水里煮几分钟。
2. 然后把两个土豆的顶部和底部都削去一片，在顶部中间各挖一个洞，在每个洞里放进一些白糖，然后把它们直立在有水的盘子里。

注意 在用刀子挖土豆的时候，一定要注意安全。

这时你会看到

几个小时以后，生土豆的洞里充满了水，而熟土豆里仍然是白糖颗粒。

小实验 大科学

生土豆的细胞是活的，它好像一个孔道，能够使水分子通过。盘里的水经过土豆壁渗入洞中。而煮过的土豆细胞已被破坏，所以没有渗透功能。

请你尝尝放生土豆盘子里的水，有甜味吗？没有。为什么生土豆里的糖水没进到盘子里？秘密在细胞膜上。土豆的细胞膜好像筛子一样，只允许小于筛子孔的颗粒通过，大于筛子孔的颗粒就过不去了。白糖的分子比较大，通不过细胞膜，所以，盘里的水就不甜。

懂得了这个道理，你在给花草树木施肥时，千万不要用太浓的肥料水，否则，植物体里的水就会倒流到土壤里，使植物打蔫甚至枯死。

食盐和鲜花是好朋友

食盐和鲜花是好朋友呢！因为它能促进鲜花的保鲜哦！我们一起动手来设计这个实验吧。

你要准备的材料

四个玻璃杯 / 水 / 盐 / 四支康乃馨

我们一起做实验

1. 分别往四个玻璃杯里注入大半杯自来水，水量要尽量相同。
2. 然后在第一个杯子里放 1 勺食盐，第二个杯子里放 2 勺食盐，第三个杯子里放 3 勺食盐。
3. 在每个杯子里插上 1 支大小差不多的康乃馨。

这时你会看到

它们都能逐渐绽放花蕾，并逐渐枯萎凋谢；开花盛期，养在食盐溶液里的三杯鲜花，比养在清水里的花朵要大得多；放食盐的三杯溶液，到实验结束时用肉眼看，会发现水还没有变质。

注意

除了康乃馨，我们也可以选择其他鲜花。

小实验 大科学

这个实验告诉我们，在清水里放入少许食盐，可以使鲜花开得更大些，也能更持久些，并能有效地防止水中细菌滋生。

难度系数 3

内容的深度又有了一些增加，但不要担心，同样都是利用你身边的材料进行的小实验，操作同样非常简便、易行。加油吧，动手，动脑完成它！你会发现你正在成为一位小小的实验专家呢！

烛火熄灭了

如果我告诉你不需要用嘴吹，也不是风吹的，就可以使蜡烛熄灭。你知道这是怎么办到的吗？

你要准备的材料

一根蜡烛 / 一只小碗 / 一盒火柴 / 醋 / 小苏打

我们一起做实验

1. 将蜡烛点燃，固定在碗中间。
2. 将小苏打粉放在蜡烛的四周，然后把食用醋倒入碗中。

这时你会看到

几秒钟后，蜡烛自己熄灭了。

注意

蜡烛不要太长，否则会导致实验效果不太好。

小实验 大科学

蜡烛燃烧需要氧气，而小苏打跟醋混合在一起会发生化学反应，产生二氧化碳，蜡烛周围的二氧化碳浓度增加，氧气浓度减少，所以就熄灭了。

有趣的樟脑丸

一个很简单的办法可以让樟脑丸在液体中不停地浮浮沉沉，简单又有趣，我们来试试看吧。

你要准备的材料

一颗樟脑丸 / 一杯醋 / 少量小苏打

我们一起做实验

1. 将樟脑丸放入醋中，这时樟脑丸沉到了杯底。
2. 往醋中加入少量小苏打。

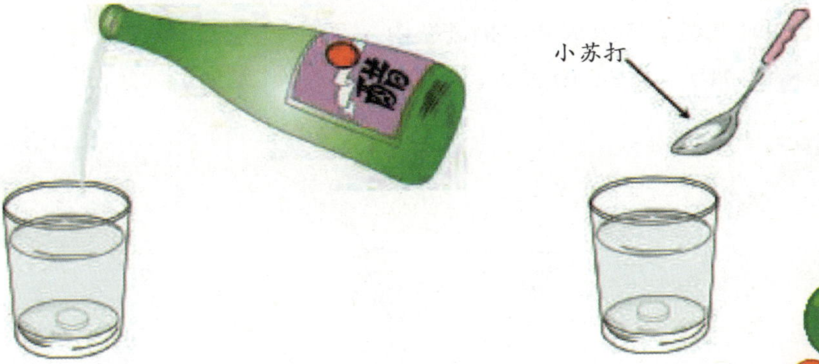

这时你会看到

樟脑丸马上浮起来了，但是浮到水面后，又马上沉下去，一直这样在醋中浮浮沉沉。

注意

樟脑丸不可以吃哦。

小实验　大科学

小苏打跟醋发生化学反应，产生了二氧化碳气泡。二氧化碳气泡附在樟脑丸上，并且越积越多，使樟脑丸受到的浮力越来越大，当樟脑丸受到的浮力比自身重量还大的时候，樟脑丸就浮到水面上去了。当气泡中的气体跑到空气中去后，樟脑丸就又沉下去了。

变色的碘酒

我们受伤的时候，经常会往伤口上涂一点碘酒。大家都知道，碘酒是棕色的。如果我告诉你，可以把碘酒变成无色透明的液体，你知道这是怎么办到的吗？

你要准备的材料

一个带盖的玻璃瓶 / 一瓶碘酒 / 一盒火柴 / 少许水

我们一起做实验

1. 往玻璃瓶中倒入约 20 毫升的水。
2. 往水中加入 2~3 滴的碘酒。这时水变成了棕色。
3. 同时点燃 2~3 根火柴，扔进瓶中，并用瓶盖盖住瓶口。
4. 摇晃瓶子。等待 10 秒钟。

这时你会看到

瓶中棕色的碘酒溶液变成无色透明的水溶液了。

注意　应保证火柴放入瓶里后，继续燃烧一阵，否则会影响实验效果。

小实验　大科学

火柴燃烧的烟雾可以使碘变成无色的碘离子，瓶中的碘酒溶液中的碘全部变成无色的碘离子后，碘酒溶液也就由棕色变成无色透明的了。

植物会呼吸

我们都知道，植物能够在白天不断地进行光合作用，吸进二氧化碳，吐出氧气；到了夜晚，光合作用停止，植物就吸进氧气，吐出二氧化碳。可是怎样才能证明这一现象呢？

你要准备的材料

一些新鲜的草叶 / 一个有盖的玻璃瓶 / 少量澄清的石灰水

我们一起做实验

1. 把新鲜的草叶放进干净的玻璃瓶，盖紧瓶盖，然后放到一个潮湿阴暗的地方。
2. 第二天，取出玻璃瓶，打开瓶盖并倒入一些澄清的石灰水。

注意

1. 草叶一定要用新鲜的，被拔下来过久的草叶呼吸作用已十分微弱，甚至已停止，会导致实验失败。
2. 石灰水用过之后一定要将它倒掉，或妥善放置于安全的地方，以免被他人误饮。

这时你会看到

澄清的石灰水变白、变浑浊了。

小实验 大科学

这是因为草叶在黑暗的环境中无法正常进行光合作用，而夜晚仍要不停地呼吸，呼出大量的二氧化碳。石灰水的化学成分是氢氧化钙，它一遇到二氧化碳，就会发生化学反应，生成白色的沉淀物——碳酸钙。

光合作用看得见

我们都知道，光合作用是绿色植物利用阳光产生氧气的过程，那我们怎样才能证明这一过程呢？

你要准备的材料

若干水草 / 两个大玻璃杯 / 两支短柄玻璃漏斗 / 两支试管 / 一根带火星的长木条

我们一起做实验

1. 在两个大玻璃杯中分别放入等量的水草和水。
2. 将两支玻璃漏斗分别倒置在两只大玻璃杯中。
3. 玻璃试管装满水后分别倒过来套在两个漏斗柄上。
4. 把这两只大玻璃杯分别放在阳光下和阴暗处。

这时你会看到

阳光下的水草就会不断地冒泡，而暗处的水草却不易冒泡。放在阳光充足的环境下，水草上的试管内空气比较多；而放在黑暗处，水草上的试管内空气比较少。

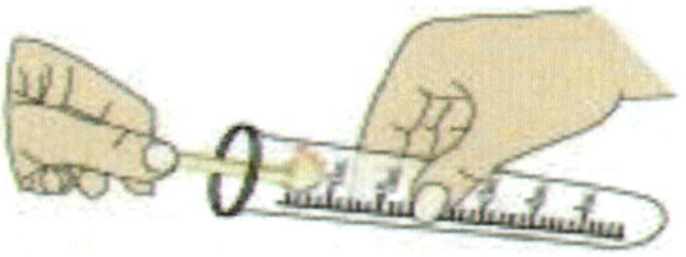

5. 用手指盖住试管口，把试管轻轻拿出来。
6. 移开手指，并迅速将一根带有火星的木条伸进试管。

这时你会看到

木条会猛烈地燃烧，并发出耀眼的光芒。

注意

1. 玻璃漏斗的口径一定要比大玻璃杯的口径小。
2. 使用带火星的木条时，一定要注意安全，并且，观察时脸不要离试管太近，以免被烫伤。

小实验 大科学

试管中的小气泡就是水草进行了光合作用而产生的气体，阳光充足环境下水草上的试管内气体比黑暗处的多，说明植物光合作用需要阳光，在不同光照条件下的光合强度是不同的，而带火星的木条在气体中剧烈燃烧，则表明产生的是氧气。

自动转轮

不需要任何"动力"的轮船就能自由遨游吗？让我们来看看下面的实验。

你要准备的材料

瓶盖（直径 30 毫米左右）/ 薄铁皮 / 火柴棍 / 玻璃杯 / 开水

我们一起做实验

1. 找一个直径 30 毫米左右的瓶盖，在中心钻一个小孔。
2. 用薄铁皮剪一个小叶轮，直径与瓶盖直径一样。
3. 在叶轮中心钻一个小孔，并把叶片扭转一定的角度，将火柴棍的两端分别插入瓶盖和叶轮的小孔中。
4. 往玻璃杯中倒入开水。
5. 把叶轮小心地放入水中，瓶盖浮在水面上。

用剪刀时要注意安全。

这时你会看到

过一会儿，叶轮便带动瓶盖慢慢地旋转起来。

小实验 大科学

原来叶轮旋转是水对流造成的。靠近杯口和贴近四壁的水比杯子中心的水凉得快，使周围的水向下流动，中心的热水就向上流动，水的流动推动叶轮旋转起来。小叶轮旋转是由于受到动力的作用，不过它的能量是"贮存"在热水里的。

自制灭火器

大家知道水火无情，当失火的时候常用的灭火器是怎样做成的呢？让我们自己动手做一个吧！

你要准备的材料

一个废胶卷盒 / 若干苏打 / 少许醋 / 若干卫生纸 / 一个饮料瓶

我们一起做实验

1. 用卫生纸把两汤匙的苏打包成块状。
2. 把包好的苏打放入胶卷盒中。倒入醋，迅速盖好盖子。

这时你会看到

只需要很短的时间，胶卷盒盖便被猛烈地推开，一些泡沫喷了出来，就像灭火器一样。

注意

必须先把苏打放进胶卷盒中，再放醋。

小实验 大科学

苏打和醋发生化学反应，生成可以抑制燃烧的二氧化碳气体，而此时胶卷盒的容积是不变的，当生成的气体逐渐增多，对胶卷盒造成的压力达到一定的气值就会推开胶卷盖，气体和液体混合而形成的泡沫也就随之溢出来了。

植物的向光性

生物书上介绍植物有向光性，那我们如何才能证明这一点呢？看看下面这个实验吧。

你要准备的材料

一盆牵牛花的幼苗 / 一个纸盒 / 一把剪刀

我们一起做实验

1. 用剪刀在纸盒的一侧剪一个小口。
2. 将牵牛花的幼苗放入纸盒中，盖上盒盖。
3. 将纸盒放在阳台上，耐心等待。

这时你会看到

牵牛花蔓居然从那个小口中探出头来了。

注意

最好将纸盒放在阳台上能受到太阳光照射的地方。

小实验 大科学

植物的身体里面有一种物质是专门控制植物的生长方向的，这种物质对光线非常敏感，它会“跟着光线跑”。纸盒全被封住了，只有那个小孔才能受到阳光照射，所以牵牛花秧就从那里钻出来了。

吹不掉的纸

节日里的彩色纸片会像雪花一样在天空中飞舞，很漂亮，但是不久就会落到地上。但是有一种纸片却很神奇，一旦吹到了天上就再也不会掉下来。知道是什么原因吗？让我们通过下面的实验来揭秘吧！

你要准备的材料

线轴 / 硬纸片 / 大头针

我们一起做实验

1. 找一个缝纫机上用的线轴。
2. 裁一张手掌大小的方形硬纸片，中间钉入一枚大头针（或图钉）。
3. 用手掌托住纸片，使针尖对准线轴的孔，你从线轴的上方使劲往下吹气，同时移开托纸片的手。

这时你会看到

你会发现纸片不往下掉而是自由地飘浮。

注意

1. 在用大头针或图钉的时候一定要注意安全。
2. 当你向纸片吹气的时候，尽量用足力气，这样效果会更好。

小实验 大科学

当你用力吹气时，气流急速地从线轴下端和纸片中间的空隙中通过，空隙间的气压相对小于纸下面的正常气压，纸便被下面的空气托住。飞机上天的原理也是如此。机翼设计成上面为拱形，下面为平直，当飞机前进时，机翼上面的气流速度要大于机翼下面的气流速度，飞机便得到了较大的升力。

气球“黑洞”

大家在科学书籍中常看到关于黑洞的描述，会感到很新奇，下面就让我们做个实验，模拟一下黑洞的形成吧。

你要准备的材料

两个气球（小而圆的）/ 冰箱 / 彩笔 / 两个塑料瓶（1 升的）/ 刀子

我们一起做实验

1. 用刀截断塑料瓶的中部后选用有底的部分（如果截塑料瓶费劲，也可利用同样大小的器皿）。
2. 气球的吹口处朝上，把剩余部分装入瓶里吹气，吹足气后扎好气球口。
3. 用彩笔在气球与瓶口水平的位置上画条线。
4. 把插有气球的其中一个瓶子放到冰箱里 30 分钟左右，而另一个插有气球的瓶子放在室内的桌上，以保持常温。
5. 30 分钟后，从冰箱里拿出瓶子，并注意观察原来标在气球上画线的位置。放得越久，效果会越好。

注意

在用刀子截断塑料瓶的中部时要注意安全。

这时你会看到

放在桌子上的气球没有什么变化，而放在冰箱里的气球由于收缩进到瓶子里。

小实验 大科学

气球里的气体具有向外膨胀的力，而气球胶皮具有阻止外胀向里收缩的力，当这两种力处于平衡时，气球的大小保持不变。但是一旦气体压力减小，就会使气球变小。黑洞的原理与上述情况很相似。星星自身中心部位发生的核反应产生光。在核反应中所产生的力是从内向外推的力。在星星的重力引力和向外推的力平衡时，星星也保持一定大小，核反应一旦停止，那么两个力的平衡状态被破坏的同时星星在重力作用下迅速向中心部位收缩。

会吸水的杯子

用玻璃杯罩住燃烧中的蜡烛，烛火熄灭后，杯子内有什么变化呢？

你要准备的材料

一个玻璃杯（比蜡烛高）/一根蜡烛/一个平底盘子/一个打火机/若干水

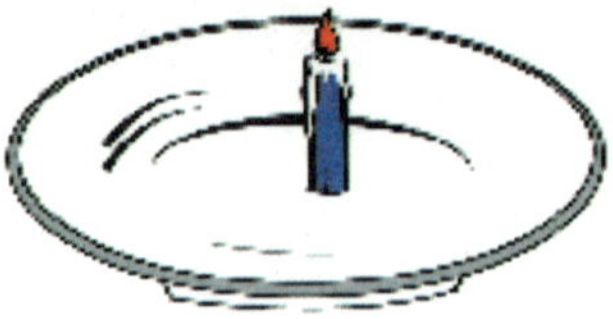

我们一起做实验

1. 点燃蜡烛，在盘子中央滴几滴蜡油，以便固定蜡烛。
2. 在盘子中注入约1厘米高的水。
3. 将玻璃杯倒扣在蜡烛上。
4. 观察蜡烛燃烧的情形以及盘子里水位的变化。

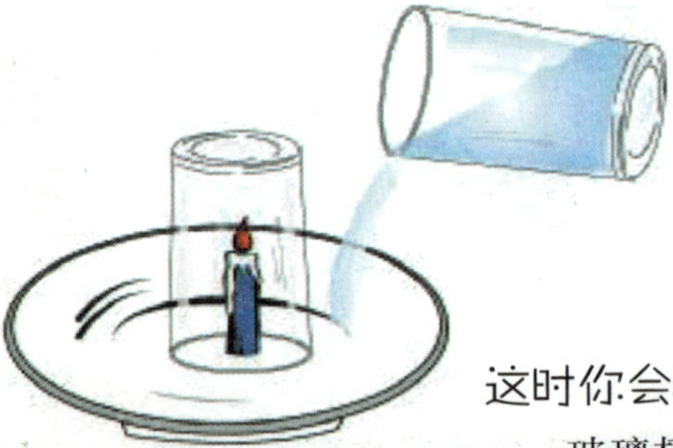

这时你会看到

玻璃杯里的氧气被消耗光后，烛火就熄灭了。烛火熄灭后，杯子里的水位会渐渐上升。

注意

在蜡烛燃烧的时候，要注意安全，不要将皮肤靠近瓶子，以免被烫伤。

小实验 大科学

蜡烛燃烧的时候耗费了大量的氧气，这样瓶内的气压就会降低了，是气压的力量使得水能够自动流动。

自制蜡烛抽水机

你见过抽水机吗？你知道抽水机是怎么工作的吗？下面我们就来演示一下。

你要准备的材料

两个玻璃杯 / 蜡烛 / 一张比玻璃杯口稍大的硬纸片 / 塑料管 / 少许凡士林 / 火柴 / 水

我们一起做实验

1. 将塑料管折成∩形，并使一头穿过硬纸片。
2. 把两个玻璃杯一左一右放在桌子上。
3. 将蜡烛点燃后固定在一个玻璃杯底部，并将水注入另一个玻璃杯中。
4. 在放蜡烛的杯子口涂一些凡士林，再用穿有塑料管的硬纸片盖上，并使塑料管的另一头没入另一只杯子内的水中。

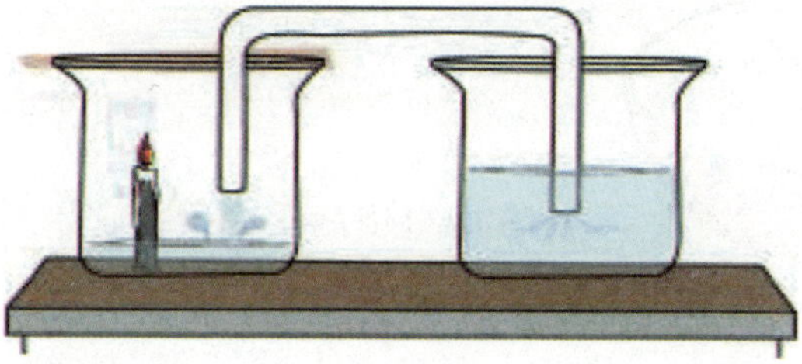

这时你会看到

烛焰越来越微弱，直至熄灭，而水慢慢流入了有蜡烛的那只杯中。

注意

操作时一定要注意用火安全。

小实验 大科学

杯子被硬纸片盖上后，由于杯口上涂抹了凡士林，使得杯中的空气数量相对稳定，但由于蜡烛的燃烧，使得杯中的氧气逐渐减少，气压逐渐降低，而另一只杯中的压力是没变的。塑料管连通了左右两个杯子，水便由气压高的杯中流入了气压低的杯中。直到两杯水面承受的压力相等为止。到那时，有蜡烛的杯中水面高于另一只杯中的水面。

水中魔力

水的力量是很大的，下面的实验就很好地证明了这一点。

你要准备的材料

一块冰糖 / 一小块肥皂 / 碎木屑 / 两个脸盆 / 水

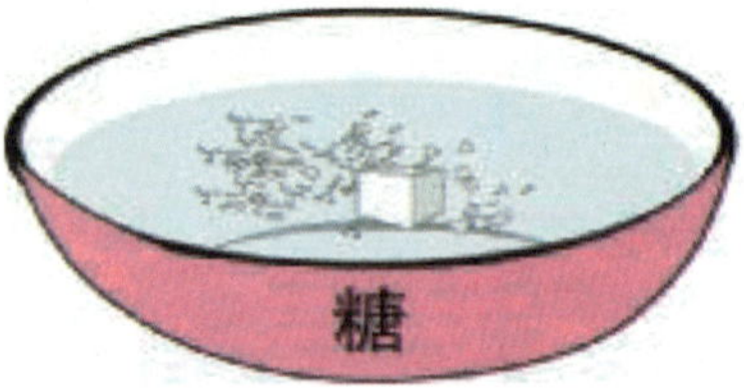

我们一起做实验

1. 在两个脸盆中各盛半盆清水，把碎木屑撒在两个脸盆中，碎木屑均浮于水面上。
2. 把冰糖放入一个脸盆中央；另一脸盆中央放入一块肥皂。

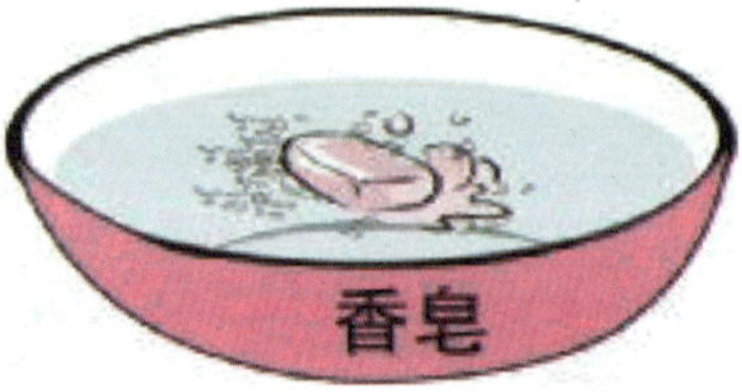

这时你会看到

放有冰糖的脸盆中，水面上的碎木屑会被吸引到中央部位。放有肥皂块的水盆中，碎木屑远离中央，即迅速向外扩散。

注意

木屑不要放得太多，以免实验效果不明显。

小实验　大科学

冰糖是一种渗水性较强的物质，把它放在水中，水立刻就被它吸引过来，碎木屑便慢慢地向冰糖溶解的方向（即正中）移动。肥皂遇水会慢慢地溶解，在水面上慢慢地形成一层极薄的皂液薄膜。在其周围水的较大表面张力的作用下，浮在水面上的碎木屑立即向外扩散，远离肥皂块。通过以上的实验可以证明，冰糖溶于水时，具有吸引力，而肥皂溶于水时，具有扩散力。

想一想，做一做：

如果把这个实验中的冰糖、肥皂或木屑换成其他物质，能不能收到同样的效果呢？请你想一想，并且自己动手试试看吧。

“听话的”火柴

通过下面的实验，你可以很轻松地控制水中火柴的升降。

你要准备的材料

火柴 / 橡皮泥 / 空饮料瓶 / 水

注意 橡皮泥的量要适中，可以先少包一些，然后慢慢调整。

我们一起做实验

1. 在空饮料瓶中灌满清水。
2. 取一根木梗火柴，在火柴头上包上橡皮泥，仔细调节橡皮泥的重量，使火柴能竖直悬浮于水中。
3. 把火柴放入盛满水的饮料瓶中，用手指按住瓶口，保持拇指与水之间不留气泡。

这时你会看到

当手指稍用力下压时，火柴就沉入水底；减轻拇指的压力，火柴又从水底徐徐上升。控制拇指压力的大小，可以让火柴反复上升下降。

小实验 大科学

这是一个较为简单的沉浮实验。由于木梗火柴是多孔的，其中吸附着一定量的空气，于是，随着瓶口拇指作用于水上的压力的改变，火柴中吸附的空气体积也随着增大或减小，使火柴的密度减小或增大，从而出现了火柴在水中浮、沉的变化。

奇妙的浮沉子

什么是浮沉子呢？打开家里马桶水箱的盖子，那个控制水位高低、水的进出的就是了。让我们看一看，它是怎样让水“自由”出入的吧。

你要准备的材料

空汽水瓶 / 水 / 小玻璃筒 / 麦杆或塑料吸管 / 橡皮膜（或气球皮）/ 橡皮筋

我们一起做实验

1. 取一个空汽水瓶，往瓶内灌入清水至瓶口。
2. 再取一只装六神丸的小玻璃筒，拔掉盖子。把小玻璃筒开口向下，竖直插入盛在汽水瓶内的水中，放掉筒内的部分空气后放手，使小玻璃筒能竖直浮在水中，且筒底刚好露出水面。
3. 用麦杆或塑料吸管小心地吸掉汽水瓶内的部分清水。
4. 然后找一块橡皮膜（或气球皮）蒙住瓶口，再用橡皮筋扎紧。小心，别把瓶内的小玻璃筒给弄翻了。现在，请你用手指按橡皮膜，看看会有什么情况发生。

这时你会看到

小玻璃筒徐徐下沉，松开手指，小玻璃筒又上升，直至筒底露出水面。手指用力适当时，你还能使小玻璃筒悬浮在水中，既不下沉也不上升。

小实验 大科学

小玻璃筒浮在水面上时，它受到的浮力刚好等于筒壁排开的水的重量与筒内空气排开的水的重量之和，且浮力的大小与筒的重量相等。手按橡皮膜时，瓶内水面上的空气被压缩，对水面的压强增大，把一部分水压入筒内，使筒内的空气被压缩，排开的水的重量减小，这时，小玻璃筒的重量大于它所受到的浮力，于是筒就下沉。松开手指，瓶内水面上的空气压强减小，使它所受到的浮力增大，于是筒上浮。

怎样搬动大石头？

如果有一块大石头挡在你的面前，必须将它搬走，而你的手边只有一些圆木棍，那你该怎么办呢？下面我们来做个小实验，相信你就能找到方法了。

你要准备的材料

一根弹簧 / 几支圆形铅笔 / 一个较重木块 / 一把直尺

我们一起做实验

1. 用弹簧匀速拉动放在水平桌面上的木块，并用直尺测量弹簧的长度。
2. 将事先准备好的圆形铅笔整齐地排列好，并将木块放在铅笔上。
3. 再用弹簧匀速拉动放在铅笔上的木块，并用直尺测量弹簧的长度。

这时你会看到

弹簧的长度在拉动铅笔上的木块时比拉动桌面上的木块时要小，说明所用的力要小得多。

注意

做这个实验的时候，一定要匀速拉动弹簧，而且两次拉动弹簧所用的力要尽量相等，否则会影响实验的准确性。

小实验 大科学

我们身边的一切物体都不可能是绝对平滑的，因此当它们接触在一起并产生相对运动的时候，就会产生摩擦力，正是这种摩擦力让我们感觉拉动物体时会吃力，而且在相同的条件下，质量越大的物体，产生的摩擦力也就越大，我们拉动时，就感觉越费力。

在这个实验中，当我们在木块下垫上铅笔之后，与木块的接触面变小了，而且圆形的铅笔将滑动摩擦变成了滚动摩擦，有效地减小了摩擦力，因此拉动起来就容易多了。

有趣的撞球实验

用 1 个小球去撞 5 个小球，会有 1 个小球停下来；用 2 个小球去撞 5 个小球，则会有 2 个小球停下。这是为什么呢？

你要准备的材料

两根高度相同、表面平滑的长木条/7 个小玻璃球

我们一起做实验

1. 把两根长木条平放在桌子上，中间留少许缝隙形成一个沟槽。
2. 在沟槽处一个挨一个地排放 5 个玻璃球。
3. 另取 1 个玻璃球放在离其他玻璃球 3~4 厘米处，推动这个球撞击另 5 个球。观察球的运动情况。
4. 再在沟槽处重新一个挨一个地排放 5 个玻璃球。

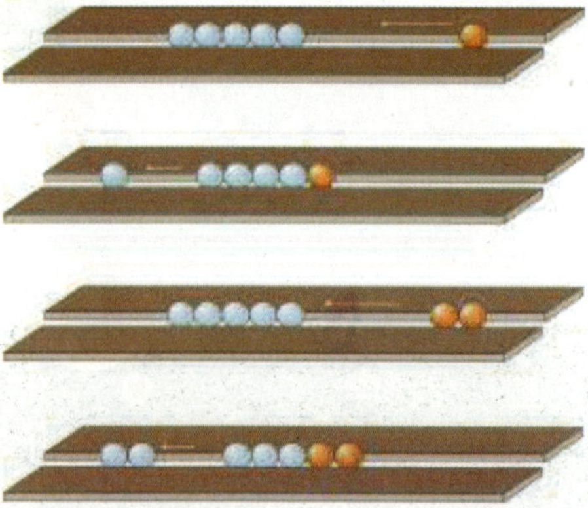

5. 再把 2 个玻璃球紧靠着放在距另 5 个球 3~5 厘米处。推动后面一个球，使 2 个球一起滚向另 5 个球，观察球的运动情况。

这时你会看到

用 1 个球去撞击时，5 个球中最前端的那个球向前运动，离开其他球，而撞击的球停在第 5 个球后面；用 2 个球去撞击时，5 个球中最前端的 2 个球向前运动，离开其他小球，而撞击的 2 个球停在第 5 个球后面。

小实验 大科学

静止的玻璃球因惯性保持静止状态，滚动的玻璃球也同样是因为惯性运动着。滚动的玻璃球撞到静止的玻璃球时能量发生交换，运动的停下来，静止的开始运动。而能量的交换是等量的，所以才会发生以上的现象。

半生半熟的鸡蛋

大家有没有自己煮过鸡蛋。如果我告诉你，有一种方法，可以把蛋黄煮熟了，蛋清却还是生的，你知道我是怎么办到的吗？现在就让我们来试试吧。

你要准备的材料

一枚鸡蛋 / 汤锅 / 燃气炉 / 温度计 / 水 / 一只碗

我们一起做实验

1. 往汤锅中倒入水，将鸡蛋放入汤锅中。
2. 将温度计上系上线，以便于随时提起观察温度。
3. 将温度计放入锅中，并将汤锅放在燃气炉上加热。
4. 随时观察温度计上的读数，调整火力，使水温控制在 70~75℃之间。
5. 加热 5 分钟后，把鸡蛋取出，打破蛋壳倒入碗中。

这时你会看到

蛋黄已经变熟凝固了，蛋清却仍然是生的，还是液体状态。

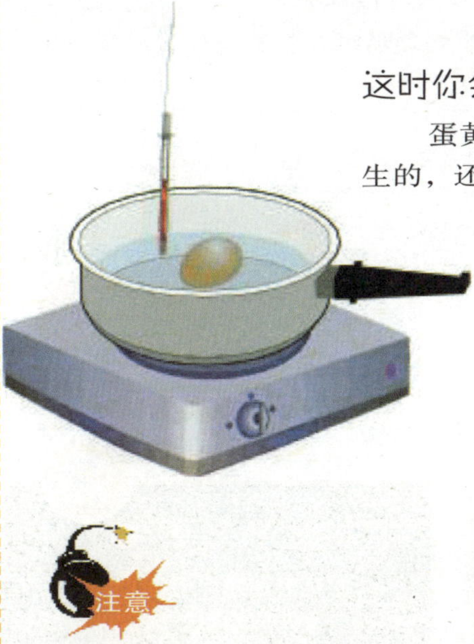

注意

温度一定要控制在 75℃以下，否则实验不能成功。

小实验　大科学

每种物质的凝固点都不一样。蛋黄的凝固温度是 75℃以下，而蛋清是高于 75℃。

在这里，我们一直将温度控制在 75℃以下，所以蛋黄凝固了，而蛋清却没有凝固。

玻璃纸的“怪脾气”

玻璃纸是我们日常生活中常见的事物，很多物品的包装上面都会有。但是你知道吗，它在有的情况下也是有“怪脾气”的！让我们来看一看吧。

你要准备的材料

一张硬纸片 / 一张玻璃纸 / 大头针

我们一起做实验

1. 取一段长约 120 毫米、宽约 50 毫米的硬纸片，将其中一端剪成尖形，做指针。
2. 在距离另一端 15 毫米处扎一枚大头针，使大头针在针孔内滑动几次，再钉在墙上。
3. 再在硬纸片尾部垂直贴一条长 50~60 毫米、宽约 30 毫米的玻璃纸，使指针水平放置，拉紧玻璃纸，用大头针钉在墙上。
4. 分别对着玻璃纸呵热气和划根火柴烘烤玻璃纸，看看有什么现象发生。

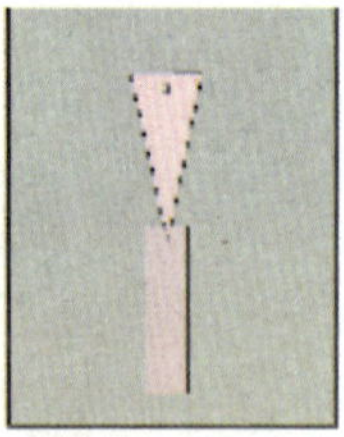

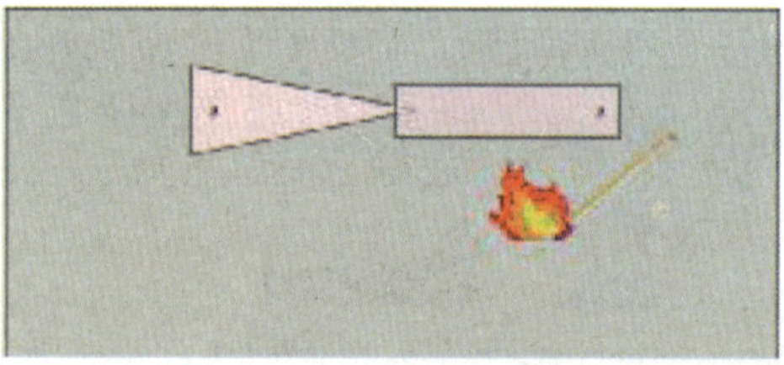

注意　用火柴和大头针的时候一定要注意安全。

这时你会看到

当我们对着玻璃纸哈热气，指针就会慢慢地下垂，玻璃纸明显地伸长了；划根火柴烘烤玻璃纸，指针又开始慢慢地上翘，玻璃纸明显地缩短了。

小实验　大科学

同样是加热，为什么一会儿伸长，一会儿缩短呢？原来玻璃纸有湿涨干缩性。第一次呵热气是潮湿的，第二次用火烘烤是干燥的，所以出现了两种截然不同的效果。

会跳舞的水滴

冬天守在炉子旁边烤火是一件十分惬意的事，炉子上的水壶吱吱地响着，一会儿水开了，水滴掉在灼热的炉盘上，便飞快地跳起舞来，水滴一面旋转着一面跳着，就像是有了生命一样。大家想知道这个实验是怎么做的吗？让我们来尝试一下吧！

你要准备的材料

炒锅 / 燃气灶 / 水

我们一起做实验

1. 把炒锅放在燃气灶上加热。
2. 等到炒锅被烧得非常热，甚至有些发红的时候，把少许水放入炒锅。

这时你会看到

水渐渐地变少，慢慢地蒸发了，到最后剩下一点点水的时候，水滴开始“跳舞”了。

注意

这种有趣的现象只有在炒锅被烧得很热，有些发红的时候，才可能看到。如果炒锅只是温热的，一滴水掉在上面就会迅速地蒸发干，消失得毫无踪迹。

小实验 大科学

你可以反复地进行几次，把同一炒锅烧成不同的温度，滴上同样温度的水，你总会看到水滴在烧得很热的锅底上舞蹈，有时会持续 3~4 分钟。

原来，当水滴碰着灼热的铁板的时候，它的下部分立即汽化，于是在水滴和铁板之间形成了一层蒸汽层，使水滴不能直接挨着铁板，铁板的热是通过蒸汽传到水滴上，反倒慢了。通过蒸汽加热，使水滴全部变成水蒸气，要用 3~4 分钟的时间，在这个期间水滴得到水蒸气的保护，因此能在铁板上“跳动”。而掉在温热的铁板上的水滴，由于没有蒸汽的保护直接和热铁板接触，蒸发得很快，一会儿就消失了。

水中滑翔机

大家见过空中的滑翔机，是不是很壮观呢？但是你见过水中的滑翔机吗？我们一起动手做一个吧！

你要准备的材料

薄铝片 / 曲别针 / 剪刀

我们一起做实验

1. 用薄铝片剪一架小飞机，以机身为轴，两边稍微向上弯成凹形。
2. 在机头夹上一个曲别针，用来调节飞机的重心位置，这架小飞机就做成了。
3. 把小飞机放入水中，看看有什么现象发生。

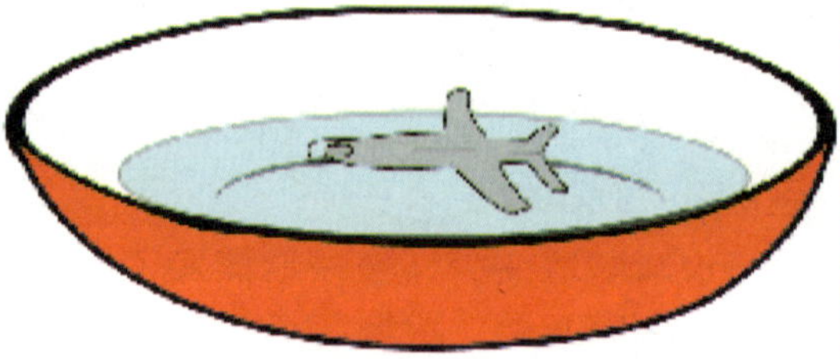

注意

1. 罐装的可口可乐罐子就是铝制的，很好找，剪起来也比较容易，但剪的时候一定要注意安全，避免划伤。也可以让家长协助完成这一步骤。
2. 要把飞机做得平衡性好一些，这样实验效果会更好。

这时你会看到

小飞机在水中滑翔。将它放入装满水的脸盆内，如果调节得好，可从这一边“起飞”，一直滑翔到那一边而不沉入水中。

小实验 大科学

水和空气一样，都属于流体，所以它们有很多相似的力学性质。根据这个道理，飞机就能够在水中滑翔了。

谁偷走了重量?

物体一般不会出现失重的现象，但当物体在高空中所受地心引力变小或者当物体向地球中心方向做加速运动时就会发生，例如人们乘电梯从高层降下或乘坐大型游乐场的单轨滑车从高处滑下时会感受到失重。下面我们通过两个简单的实验来感受一下失重现象。

你要准备的材料

砖 / 纸条 / 棉线

我们一起做实验

1. 找两块砖，上下叠好，中间夹入一张狭长纸条，试试看将纸条从砖块中间抽出来所需要用的力。
2. 用棉线将砖块吊挂空中。
3. 划燃火柴去烧断棉线，让砖块能自由落下，同时用手抽拉纸条，看看有什么现象发生。

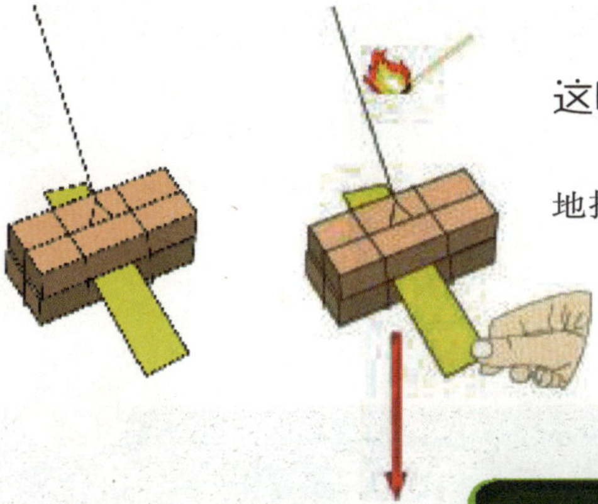

这时你会看到

被砖块压着的纸条很容易地拉出来。

注意

砖掉下来的时候要注意安全。

小实验 大科学

可见砖块在自由落下时处于失重状态。找一只铁皮罐，侧面开几个光滑的小孔，用细线牵挂。往罐中装水后，水便从孔中流出。让罐从阳台上垂直落下，你会发现罐在下落过程中，水几乎是停止流出的。水不对罐内壁产生压力正说明水失去了重力。

孔雀开屏

一只秃尾巴的小孔雀能在瞬间开屏，你也一起来试试看吧！

你要准备的材料

一片硬纸板 / 两张白纸 / 一根竹筷子 / 铅笔 / 彩笔

我们一起做实验

1. 在硬纸板上画一个“∩”形图，并沿线剪下。
2. 在硬纸板的两面粘上白纸。
3. 在白纸上依图示，一面画没开屏的孔雀，一面只画孔雀屏。并涂上你喜欢的颜色。
4. 将竹筷子前端劈开一个小口，作为握柄。
5. 将剪好的∩形纸板插入竹筷子前端的开口处，制成一把小扇子。
6. 将扇柄握在手中，并快速搓动扇柄。

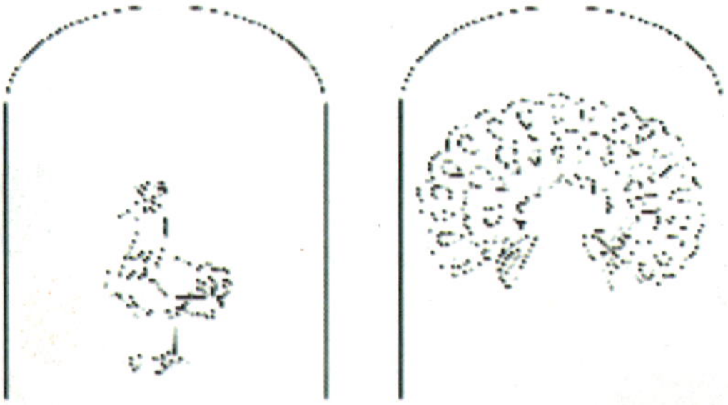

这时你会看到

画面中的孔雀开屏了。

注意

1. 劈开竹筷子前端的时候，一定要注意安全，不要伤到手。
2. 最好能够请家长协助操作。

小实验 大科学

人的眼睛看东西的时候，具有一个特性：当东西消失后，视觉并不立即消失，还要保留0.1秒左右，这种现象叫做“视觉暂留”。

实验时，孔雀和羽毛在眼睛中造成的“视觉暂留”不断重叠交替出现，连续起来就成为孔雀开屏的图案了。我们看的动画片，就是根据这个原理绘制而成的。

人造彩虹

盛夏的雨后，彩虹横贯天空，绮丽缤纷，煞是好看。其实我们自己也可以通过很简单的办法制造彩虹。

你要准备的材料

一杯水

我们一起做实验

最简单的一个办法，就是在天气晴朗的上午或傍晚，当太阳光斜照着大地时：

1. 手拿一杯清水，背对着太阳站立。
2. 先含一大口水在嘴里，然后朝着前面的太阳光，斜向上用力将水喷出。

注意

1. 喷出的水珠越细小、密集且分布均匀，效果越好。
2. 如果能用烫衣服或湿润花草用的小喷雾器代替嘴巴喷水，那效果就更好了。

这时你会看到

你便可在自己喷出的一片水珠中看到一段彩虹。

小实验 大科学

有时，在虹的旁边还可见另一道彩色的圆弧，这就是霓。虹的外圈是红色的，内圈是紫色的。霓的外圈是紫色的，内圈是红色的。虹和霓都是太阳光射到空气中的小水珠，经过折射、反射后产生的光学现象。根据这一道理，人工制造一条彩虹并不困难。

针孔眼镜

透过小小的针孔也能看清东西吗？试一试就知道了。

你要准备的材料

软塑料瓶盖 / 针 / 打火机或蜡烛 / 线

我们一起做实验

1. 找两个直径 30~40 毫米的软塑料瓶盖。
2. 用打火机或蜡烛将针烧红。
3. 用烧红的针尖，在瓶盖中间扎一个小孔（直径约 1 毫米）。
4. 再在瓶盖两侧各扎两个小孔，用线穿起来就是一副眼镜。

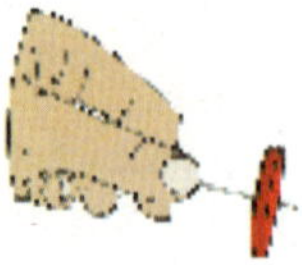

这时你会看到

戴上这副眼镜，便能看清楚周围的一切。奇怪的是，不管是 300 度、500 度的近视眼，还是远视眼，戴上它都能看清楚物体。

注意

1. 小孔的大小要合适。
2. 烧红针的时候，一定要带上隔热手套，或在针上裹上较厚的布等，以免被烫伤，最好请家长从旁协助完成这一操作。

小实验 大科学

这是运用了小孔成像原理。当光线通过小孔后，不管光屏远近，成像总是清晰的。人眼睛的视网膜，就好像是个光屏，一般情况下近视眼的人，成像在光屏之前；远视眼的人，成像在光屏之后。成像不在光屏上，所以看不清楚。加了小孔之后，不管近视还是远视，都能在视网膜上成像，所以就能看清楚了。

烧不开的水

为什么持续地加热，水还是烧不开呢？看看下面的实验吧！

你要准备的材料

玻璃杯 / 汤锅 / 水 / 燃气炉

我们一起做实验

1. 将玻璃杯中盛水后，放在盛水的汤锅中。
2. 打开燃气炉，加热汤锅里的水，过一会，看看有什么现象发生。

注意

注意用火的安全，最好在家长或老师的指导下进行实验。

这时你会看到

汤锅里的水烧开沸腾了。但奇怪的是，玻璃杯里的水并不沸腾，无论加热多长时间都烧不开。用温度计量一下，汤锅与玻璃杯里的水的水温相同。

小实验 大科学

沸腾是液体的一种汽化现象。液体汽化的时候，要吸收热量。汤锅放在火源上，里面的水可以不断得到热量，不断沸腾。而玻璃杯放在水中，只能从水中得到热量，即汤锅中水的温度升高，玻璃杯中水的温度也升高。当汤锅中水温升高到 100℃时，玻璃杯中水温也升到 100℃，但汤锅中水温升高到 100℃时就沸腾了，它得到的热量都用来汽化了，水温不再升高，这样一来，汤锅中的水与玻璃杯中的水之间不再发生热交换，玻璃杯里的水不能再从汤锅中的水里吸收热量，所以自然就不会沸腾。

自制“吹哨”水壶

烧开水，最让人担心的是沸水溢出把火浇灭，所以要常常放下手中的活儿，到厨房去张望。要是水一开，水壶能发出信号就好了。现在我们就设计一只会吹哨的水壶，水一开，它就使劲吹哨子，提醒主人快来灌开水。

你要准备的材料

圆木塞 / 哨子 / 小刀

我们一起做实验

1. 把水壶盖中间的顶钮旋下来。
2. 按照壶盖中间顶口的大小，把圆木塞削好，上端可稍大些。
3. 用小刀在木塞中间开条小槽，挖通，把哨子插入槽里，正好塞住。
4. 用塞有哨子的圆木塞塞住壶盖的顶口。
5. 灌满一壶水放到燃气灶上烧开。

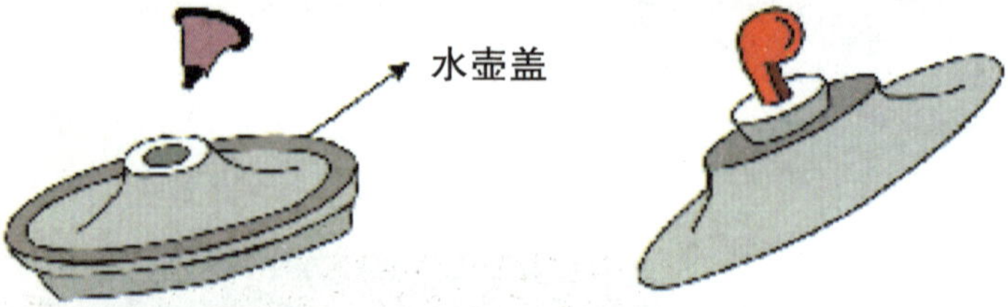

这时你会看到

当水开了的时候，由于蒸汽的作用，哨子会发出尖利的哨声。

注意

1. 在用刀子削木块的时候一定要注意安全。
2. 在使用的时候要小心，以免被哨子里吹出的蒸汽烫伤。

小实验　大科学

哨子之所以会自动吹响，主要的动力来自水蒸气。水蒸气曾是人类重要的动力能源，比如在电力火车发明之前，蒸汽火车还是人们出行的主要交通工具呢！

砂糖发光

大家知道砂糖是用来吃的，甜甜的，但是你知道吗？砂糖也是会发光的。

你要准备的材料

白砂糖 / 瓷钵 / 汤匙 / 瓷杵

我们一起做实验

1. 先把屋子里所有的光源都关闭，再将窗帘拉好，营造成一个暗室的感觉。
2. 先在暗室中呆上 3~5 分钟，等眼睛适应周围黑暗的环境后，取 2~3 匙白砂糖放入一只较大的瓷钵中。
3. 然后开始用瓷杵慢慢研磨，并逐渐加快速度。

这时你会看到

约 3 分钟后，就可以看到钵中的砂糖发出浅蓝色的光。如果继续保持慢速研磨，你可看到杵头周围有浅蓝色的光环。

小实验 大科学

上述发光现象是由于砂糖晶体的带电棱角相互摩擦而产生的，当所有的棱角都被磨掉后就不再发光了。

由外界提供某种形式的能量引起物体发光，除了由摩擦而产生的摩擦发光外，还有光致发光，它是由光激发而产生的发亮现象，人们熟悉的激光就是这样形成的。由辐射引起的发光，叫辐射发光。日光灯管内充有稀薄的水银蒸气，当水银蒸气导电时，就发出紫外线，使涂在管壁上的荧光粉发出柔和的白光。由化学反应引起的发光称为化学发光。取一小片钠投入盛水的烧杯中，钠跟水起反应放出的热量立刻使钠熔成一个闪闪发亮的小球，在水面上迅速游动，并逐渐缩小，最后完全消失。

想一想，做一做：

再取一块精制的方糖，放在水泥地面上轻轻划几下，你也可看到经摩擦的方糖表面会发出微弱的蓝光，只是它很快就会消失。换一个表面在水泥地面上划几下，便又可看到微弱的蓝光。

有趣的液体分层

不同的液体和物质在一起会自动地分开，相信吗？让我们来做下面的实验吧。

你要准备的材料

玻璃杯 / 糖浆 / 菜油 / 软木塞 / 塑料积木 / 葡萄

我们一起做实验

1. 取一只无色透明的玻璃杯，倒入一些糖浆，然后，倒入等体积的菜油，油漂浮在糖浆上。
2. 加入等体积的冷水，你会发现，冷水穿过油层，漂浮在糖浆上。
3. 这时，依次把软木塞、塑料积木和葡萄放入玻璃杯中。

这时你会看到

软木塞漂浮在油上面，塑料积木沉在油下，却漂浮在水上，葡萄沉在油和水下，却漂浮在糖浆上。

注意

放入水中的物体除了积木外，还可以是其他密度和重量不同的东西，可以根据实际情况而定。

小实验　大科学

糖浆的密度最大，沉在杯底；油的密度最小，漂浮在杯的最上面；而冷水的密度介于油和糖浆之间，所以处于菜油与糖浆之间。软木塞密度最小，漂浮在菜油的上面；葡萄密度最大，它能穿过油和水，浮在糖浆上面；而塑料积木的密度处于菜油和糖浆密度之间，所以它穿过菜油，漂浮在水面上。

磁带指南针

录音机上用过的废磁带，也是大有用处的，它可以用来做指南针呢！一起来试试看吧。

你要准备的材料

磁带 / 剪刀 / 磁铁 / 小杯子 / 水

我们一起做实验

1. 将磁带剪下一小段。
2. 往杯子里注入半杯水。
3. 用磁带的一端在磁铁上摩擦几下，然后放在水面上。

这时你会看到

这一小段磁带在水面上会不停地转动。最后，一端指向南，一端指向北，静止停在水面上。

注意

1. 剪下来的磁带长度以 4 厘米左右为宜。
2. 在摩擦磁带的时候不要太用力，以免损伤磁带。

小实验 大科学

原来磁带涂的是硬磁性材料，这种材料被磁化以后能保持磁性，正因为磁带具有这种特性，录上声音后，方能将磁信号长期保存。如果磁带不在磁铁上摩几下，没有被磁化，当然就不能当指南针用了。就如空白磁带没有磁信号声音一样。

有些材料，如电动机、变压器的铁芯和收音机的磁性天线等，被磁化后不能保持磁性。这些材料被称为软磁性材料。

混凝蜡的力量

单纯的一根蜡烛是很脆弱的，很容易断掉，但是经过我们的加工，一根小小的凝固蜡会变成“起重机”呢，神奇吧！

你要准备的材料

牛皮纸 / 多根蜡烛 / 小锅（也可以用其他较小的容器代替，便于操作就可以了）/ 燃气炉 / 木屑 / 一只小碟子 / 任意多种重物

我们一起做实验

1. 用牛皮纸卷两个相同的小纸筒，竖直放入小碟子里待用。
2. 将蜡烛放入小锅中加热，使蜡烛熔化成液体状。
3. 在一个纸筒中倒入熔蜡。
4. 将少量木屑加入到小锅里剩余的熔蜡中，再将加有木屑的熔蜡倒入另一个纸筒中。
5. 等蜡液凝固之后，剥去纸皮，就得到一根纯蜡棒和一根混有木屑的蜡棒。
6. 用这两根蜡棒分别去吊重物，看看哪根蜡烛更厉害吧！

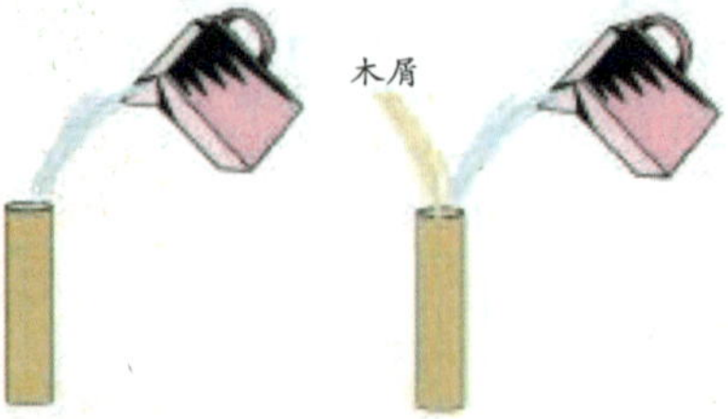

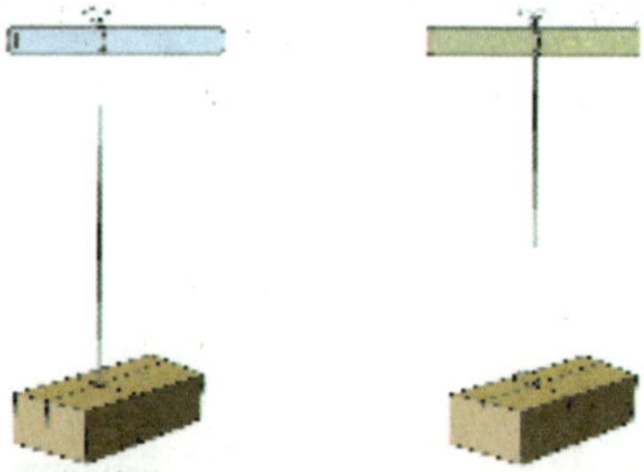

这时你会看到

含木屑蜡棒的强度比纯蜡棒的强度要大得多。

注意

在用蜡烛去吊重物的时候，可以是很随意的，比如说木块、橡皮、书本等生活中常见的物体。

小实验 大科学

木屑本身的强度比蜡大，它在蜡中起了“骨架”的作用，所以才能承受住更大的重量。人们在水泥中加进砂石制成混凝土，不仅节省水泥，而且还能提高强度，道理完全相同。

自制潜望镜

我们都知道潜望镜很神奇，其实我们也可以自己制作的。

你要准备的材料

两面小镜子 / 硬纸片 / 胶

我们一起做实验

1. 买两面小镜子。用硬纸片做两个直角弯头圆筒，直径比小镜子稍大。
2. 在纸筒的两直角处各开一个 45° 的斜口，将两面小镜子相对插入斜口内（如图所示），用胶带粘好，把两个直角筒套在一起，一个简单的潜望镜就制成了。
3. 调整好角度，将任意的物体放在较高处的小镜子处，在“潜望镜”的低处观察。

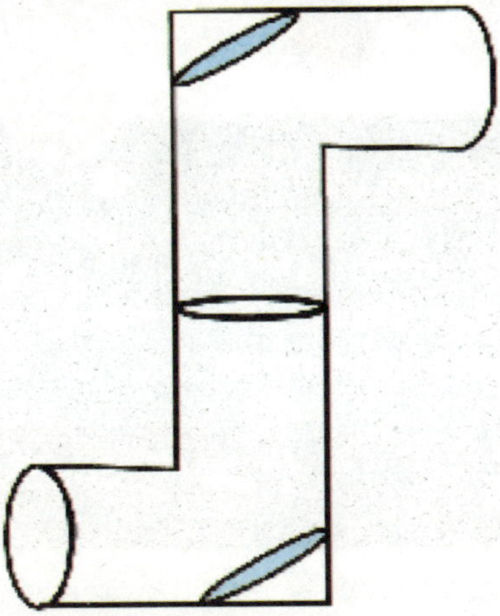

注意

要将镜子的角度调整好，这样潜望镜的视野会更大的。

这时你会看到

视野大多了，原来看不到的较高处的物体现在看得一清二楚。

小实验 大科学

这是根据光的反射现象以及光路设计原理制作的。潜望镜的用途很广，在步兵的战壕里观察前方的战况以及在坦克的驾驶室及炮长的瞄准或是潜水艇的水下观察中，潜望镜都是不可或缺的工具。

硬币和纸的赛跑

硬币和轻薄的纸片同时从高空落下，哪一个落得快呢？如果你一时还不能给出确定的答案，那就来和我一起做个实验吧。

你要准备的材料

一张纸 / 一枚一元硬币 / 一把剪刀

我们一起做实验

1. 用剪刀剪出一张和硬币同样大小的纸片。
2. 把纸片和硬币紧贴着放在同一只手上，纸片在硬币的上方。
3. 拿着硬币的边缘，不要碰到纸片，将它们从高处丢下去。

注意

1. 一定要把纸放在硬币的上方。
2. 拿着硬币的时候，一定要注意不要碰到纸片。

小实验 大科学

当硬币在空气中快速下落的时候，它会“拉”住跟在后面的空气，硬币上方的气压会把纸片紧紧地压在硬币上，所以硬币和纸片会同时落地。但如果有空气进到硬币和纸片中间，它们就会分开，纸片就会以飘动的方式落下，而不是以和硬币一起掉落的方式落下。

这时你会看到

纸片和硬币居然会同时落地。

想一想，做一做：

你知道著名的自由落体实验吗？

1589 年的一天，伽利略同许多人一道来到比萨斜塔，将一个 100 磅重和一个 1 磅重的铁球同时抛下，两个铁球出人意料地一齐落到地上。

这个被科学界誉为“比萨斜塔实验”的美谈佳话，用事实证明了轻重不同的物体，从同一高度坠落，加速度一样，它们将同时着地。这就是被伽利略所证明的著名的自由落体定律。“比萨斜塔实验"作为自然科学实例，为实践是检验真理的唯一标准提供了一个生动的例证。

会自动倒下的一叠硬币

硬币在磁铁的作用下会像多米诺骨牌一样倒下，你相信吗？让我们做一个小小的实验吧。

你要准备的材料

10 枚硬币 / 一块大的磁铁

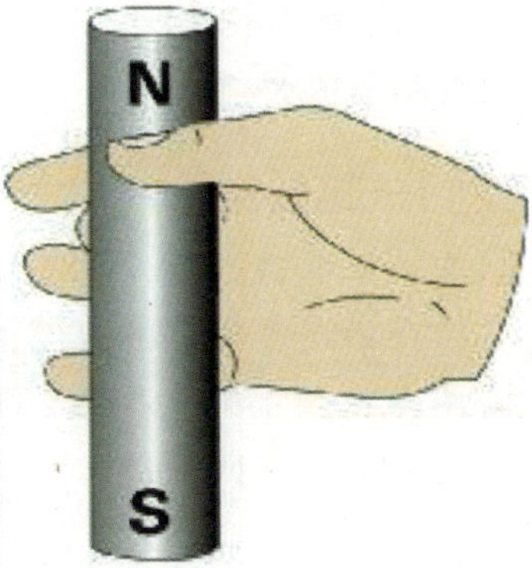

我们一起做实验

1. 取 10 枚硬币，将它们排列整齐呈圆柱形横放在桌面上，如下图所示。
2. 拿起大的磁铁，将其磁极 N 自上而下沿垂直方向慢慢接近桌面上这叠横放的硬币。

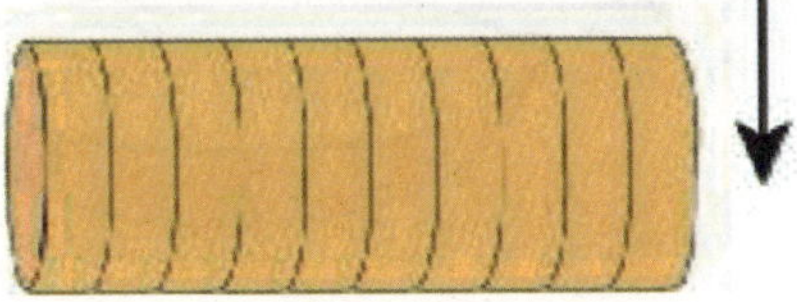

注意

如果用磁性的钢管代替大磁铁，实验效果会更好。

这时你会看到

这叠原来呈圆柱形的硬币会自动一枚接着一枚地向两侧倒下。

小实验 大科学

这是由于这叠硬币在磁场的作用下发生了变化，使其中每枚硬币的上端都分别磁化成为 S 极和 N 极，由于同性相斥，加上硬币之间紧贴在一起，在磁性斥力作用下，这叠横放在桌面上的硬币会自动向两侧倒下去。

会"喷水"的脸盆

看了这个题目大家就会感兴趣，是什么力量使得脸盆也能够喷水呢？下面就让我们来做这个实验吧。

你要准备的材料

搪瓷脸盆 / 水

我们一起做实验

1. 取一个搪瓷脸盆，将脸盆上的油污洗净，盆内放九成的水，放在稳定性良好的桌面上。
2. 用左右两手的大拇指，沿盆的边缘对称的两侧，用力进行有节奏地来回摩擦。

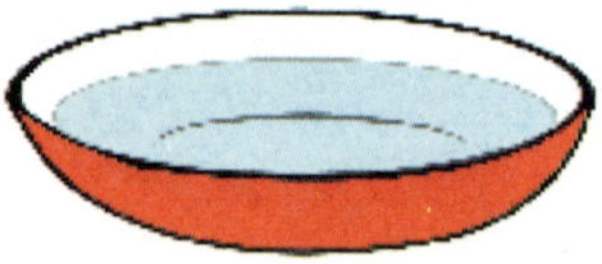

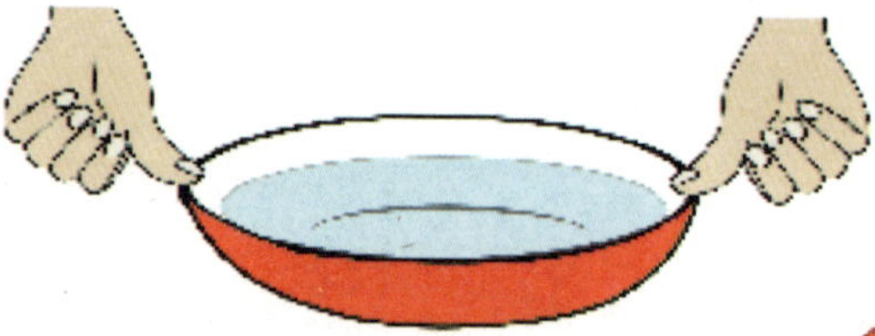

注意：手和脸盆上的油污要清洗干净，对称力度要大，左右两边摩擦距离适中。

这时你会看到

随着摩擦节奏的不断调整和力度的加大，脸盆中的水珠就会向上飞溅，实验效果理想的话，水珠可高达 10 厘米左右。

小实验 大科学

每个物体都有自己的固有频率，脸盆也是如此。左右两个大拇指有规律地按一定距离对称地在盆边缘摩擦，当摩擦产生的振动频率和脸盆本身的固有频率达到一致时，就会出现共振现象。共振时，脸盆周壁发生横向振动，这种振动，犹如在平行于水面的方向用手急速地拍打水，迫使水珠喷溅，非常有趣。

脚蹼的作用

我们从电视或电影中看到潜水员在潜入水下前，都要穿上紧身衣，戴上一副脚蹼，俨然一个“蛙人”，这是人类向自然界中的青蛙、鸭和其他游禽学习来的，现在我们就做一个实验，看看脚蹼有什么作用吧。

你要准备的材料

盆 / 水 / 筷子 / 塑料袋

我们一起做实验

1. 准备好大半盆水。
2. 一只手中拿住两根筷子，分开一点在水中划动。
3. 然后在筷子上套上一只塑料袋，再伸入水中划动，看看有什么现象发生。

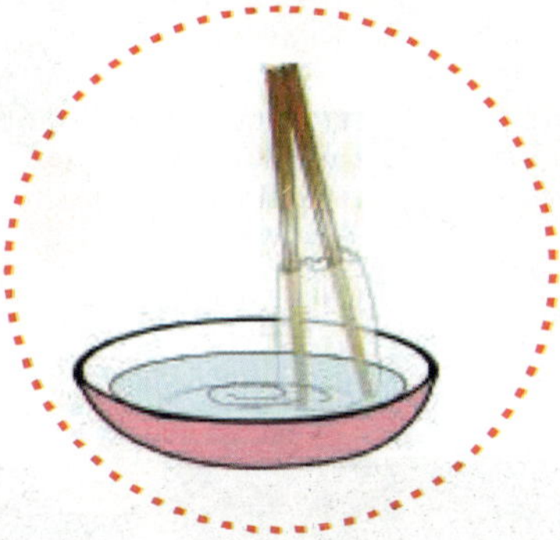

注意

除了可以用塑料袋以外，还可以用其他物体代替，比如硬纸壳等。

这时你会看到

只靠两根筷子是没什么推动力的，套上塑料袋后，就会得到较大的推动力。

小实验 大科学

塑料袋的作用就是增加表面积，而表面积的增加势必会使其受到的水的推力增大。

神奇的电梯

电梯给我们的生活提供了很多的方便，下面我们就尝试着自己做一个微型的电梯吧。

你要准备的材料

胶卷盒（或缠线轴）/ 小纸盒 / 线 / 黏土（橡皮泥）/ 钉子 / 锤子 / 木板 / 锥子

我们一起做实验

1. 利用锥子，在盖上盖的胶卷盒中间钻个孔，钻到底。
2. 把木板立起来后，在木板两端钉上两个胶卷盒（或线轴）。要使胶卷盒能够转动。（如转动不灵，要用手转动几次。）
3. 用线把小纸盒两端绑好，然后把绑有纸盒的线挂到木板两端的胶卷盒上（纸盒为电梯）。
4. 把黏土挂在线的另一端，以使纸箱平衡。然后转动胶卷盒来起动模型电梯。黏土与纸盒的重量要差不多。

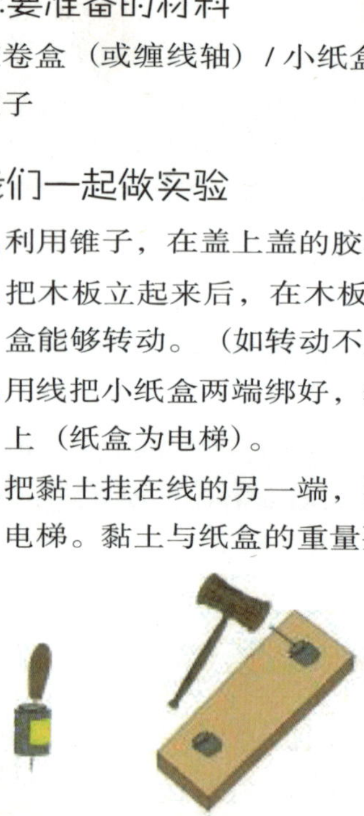

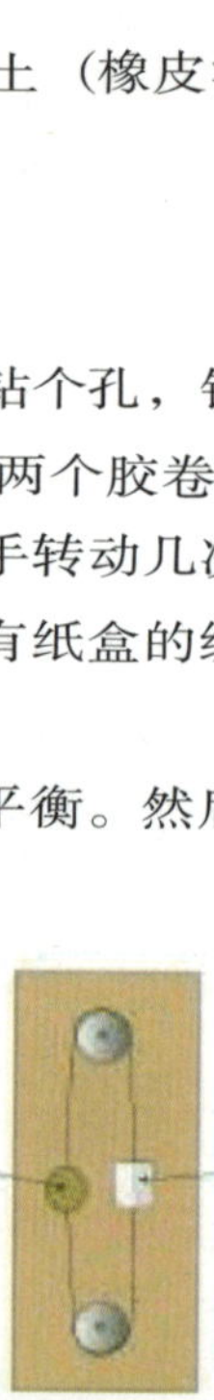

这时你会看到

一个灵活自如的小电梯就做成了。

注意

使用钉子、锤子、锥子时要小心，不要伤到手！

小实验 大科学

电梯的工作原理是利用滑轮传动的原理，在滑轮两边挂上相同重量的物体，以求平衡，然后在一方物体上加必要的力，使它来回升降。

电梯运作时所需要的力，并不是电梯和乘员重量的总和，而是那些重量的总和与平衡锤重量之间的差。

当电梯里人过多时，电梯不运行。其原因就是两边的力量不平衡，即超载了。平衡对电梯来说很重要。

马达的功率越大，电梯的运行速度也就越快。

潜水艇的奥妙

大家看过潜水艇吗？看着它在水中沉下去、浮上来，有没有觉得很奇妙呢？你知道它是如何做到的吗？这个秘密我能够告诉你，让我们做一个“潜水艇”的实验吧。

你要准备的材料

一个塑料笔帽 / 一块橡皮泥 / 水 / 一个空饮料瓶

我们一起做实验

1. 将橡皮泥粘在笔帽底部。
2. 将水瓶灌满水，把笔帽放进瓶子里，并拧紧瓶盖。
3. 双手用力挤压瓶子，随后又松开手，不停地重复这个动作。

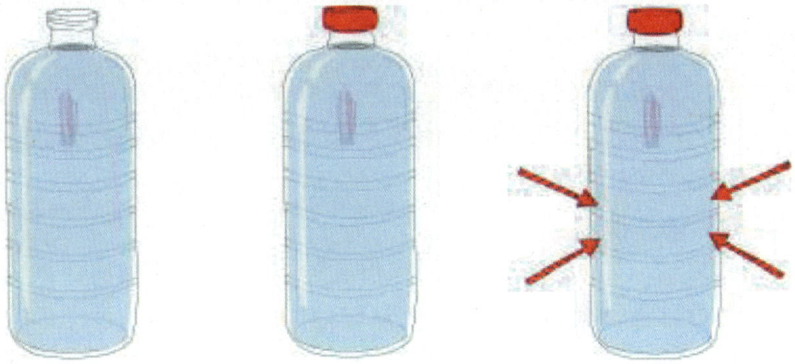

注意 笔帽一定不要有洞，否则影响实验效果。

这时你会看到

笔帽在瓶子里面可以上下潜入和浮起。

小实验 大科学

笔帽在瓶子里，笔帽里的空气使笔帽漂浮，当双手挤压瓶子时，瓶子里的水进入笔帽，使笔帽变重下沉，手松开后，水流出笔帽，笔帽变轻又浮了起来。

如何写实验报告

当我们要做某一个小实验的时候，最好事前将实验要达到的目的、要准备的物品、材料等，以及详细的实验步骤先规划好，并在实验完成后，及时地将实验中发生的各种现象、相关的各种数据，以及我们对于这个实验的各种思考记录下来，经过整理后，就是一份完整的实验报告了。

实验报告能够帮助我们养成良好的学习、思维习惯，培养我们优秀的科学素养，为我们日后的科学学习打下良好的基础。

实验报告的种类因科学实验的对象而异。如化学实验的报告叫化学实验报告，物理实验的报告就叫物理实验报告。随着科学事业的日益发展，实验的种类、项目等日渐繁多，但其格式大同小异，比较固定。

实验报告必须在科学实验的基础上进行。它主要的用途在于帮助实验者不断地积累研究资料，总结研究成果。因此，写实验报告是一件非常严肃、认真的工作。不允许草率、马虎，哪怕是一个小数点、一个细微的变化，都不容忽视。

实验报告大体上根据实验步骤和顺序来写：先写实验的时间，有的还应写明气候和温差的变化。再写实验的项目和次数。再写实验的内容，这是主要部分，要重点写明：

一、实验的目的和要求。

二、仪器和配料，即被实验的实物和供实验时用的各种材料，如玻璃器皿、金属用具、溶液、颜料、粉剂、燃料等。

三、步骤和方法。要写明依据何种原理、定律或操作方法进行实验，经过哪几个步骤等，要把实验的过程以及观察所得的变化和结果写清楚。为便于说明问题，还可以附上图表。

四、数据记录和处理。可并在第三点写，也可单独列出。

五、讨论。主要谈谈实验者对整个实验的评价或体会，有什么新的发现和不同见解、建议等。